建筑施工图集应用系列丛书

11G329 建筑物抗震构造系列图集应用

本书编委会 编

中国建筑工业出版社

图书在版编目(CIP)数据

11G329 建筑物抗震构造系列图集应用/本书编委会编. —北京:中国建筑工业出版社,2015.4
(建筑施工图集应用系列丛书)
ISBN 978-7-112-17875-9

Ⅰ.①1… Ⅱ.①本… Ⅲ.①建筑物-抗震结构-图集 Ⅳ.①TU3-64

中国版本图书馆 CIP 数据核字(2015)第 043029 号

本书根据《11G329-1》、《11G329-2》、《11G329-3》三本最新图集及《砌体结构设计规范》GB 50003—2011、《混凝土结构设计规范》GB 50010—2010、《建筑抗震设计规范》GB 50011—2010 编写。共分为三章,包括:多层和高层钢筋混凝土房屋抗震构造、多层砌体房屋和底部框架砌体房屋抗震构造以及单层工业厂房抗震构造等。本书内容丰富、通俗易懂、实用性强、方便查阅。本书可供从事建筑抗震设计、施工、研究人员以及相关专业大中专的师生学习参考。

责任编辑:岳建光 张 磊
责任设计:张 虹
责任校对:李美娜 赵 颖

建筑施工图集应用系列丛书
11G329 建筑物抗震构造系列图集应用
本书编委会 编

*

中国建筑工业出版社出版、发行(北京西郊百万庄)
各地新华书店、建筑书店经销
北京科地亚盟排版公司制版
北京同文印刷有限责任公司印刷

*

开本:787×1092 毫米 1/16 印张:10 字数:248 千字
2015 年 5 月第一版 2015 年 5 月第一次印刷
定价:**28.00** 元
ISBN 978-7-112-17875-9
(25210)

本书编委会

主 编 上官子昌

参 编 韩 旭 刘秀民 吕克顺 李冬云
　　　张文权 张 敏 危 聪 高少霞
　　　隋红军 殷鸿彬 张 彤

前　言

地震是一种经常发生的自然现象，是地球在运动过程中释放能量的一种表现形式。强烈地震具有很大的破坏性，能在短时间给人类生命财产造成巨大的伤亡和损失。地震与水、旱、风、火、雹灾和瘟疫并称为七大自然灾害，而实为其中危害最甚者。为加强建筑物的抗震能力，对不同结构的建筑物的不同部位，加强抗震能力采用的措施也各有不同。基于此，我们组织编写了此书，系统地讲解了 11G329 系列图集，方便相关工作人员学习建筑物抗震构造知识。

本书根据《11G329-1》、《11G329-2》、《11G329-3》三本最新图集及《砌体结构设计规范》GB 50003—2011、《混凝土结构设计规范》GB 50010—2010、《建筑抗震设计规范》GB 50011—2010 编写，共分为三章，包括：多层和高层钢筋混凝土房屋抗震构造、多层砌体房屋和底部框架砌体房屋抗震构造以及单层工业厂房抗震构造等。本书内容丰富、通俗易懂、实用性强、方便查阅。本书可供从事建筑抗震设计、施工、研究人员以及相关专业大中专的师生学习参考。

由于编写时间仓促，编写经验、理论水平有限，难免有疏漏、不足之处，敬请读者批评指正。

目　录

1 多层和高层钢筋混凝土房屋抗震构造

1.1 一般规定

1.1.1 建筑抗震设防

1. 建筑抗震设防分类

根据建筑遭遇地震破坏后，可能造成人员伤亡、直接和间接导致经济的损失、社会影响的程度及其在抗震救灾中的作用等因素，对各类建筑所做的设防类别划分。抗震设防的所有建筑应按现行国家标准《建筑工程抗震设防分类标准》（GB 50223—2008）确定其抗震设防类别及其抗震设防标准。

（1）划分依据　建筑抗震设防类别划分应根据下列因素的综合分析确定：

1）建筑破坏造成的人员伤亡、直接和间接经济损失及社会影响的大小。

2）城镇的大小、行业的特点、工矿企业的规模。

3）建筑使用功能失效后，对全局的影响范围大小、抗震救灾影响及恢复的难易程度。

4）建筑各区段的重要性有显著不同时，可按区段划分抗震设防类别。下部区段的类别不应低于上部区段。区段指由防震缝分开的结构单元、平面内使用功能不同的部分或上下使用功能不同的部分。

5）不同行业的相同建筑，当所处地位及地震破坏所产生的后果和影响不同时，其抗震设防类别可不相同。

（2）抗震设防类别建筑工程分为以下四个抗震设防类别：

1）特殊设防类。特殊设防类指使用上有特殊设施，涉及国家公共安全的重大建筑工程和地震时可能发生严重次生灾害等特别重大灾害后果，需要进行特殊设防的建筑。简称甲类。

2）重点设防类。重点设防类指地震时使用功能不能中断或需尽快恢复的生命线相关建筑，以及地震时可能导致大量人员伤亡等重大灾害后果，需要提高设防标准的建筑。简称乙类。

3）标准设防类。标准设防类指大量的除特殊设防类、重点设防类、适度设防类以外按标准要求进行设防的建筑。简称丙类。

4）适度设防类。适度设防类指使用上人员稀少且震损不致产生次生灾害，允许在一定条件下适度降低要求的建筑。简称丁类。

2. 建筑抗震设防标准

抗震设防标准是衡量抗震设防要求高低的尺度，由抗震设防烈度或地震动参数及建筑抗震设防类别确定。其中抗震设防烈度是按国家规定的权限批准作为一个地区抗震设防依据的地震烈度，一般情况下，取 50 年内超越概率 10% 的地震烈度。

各抗震设防类别建筑的抗震设防标准，应符合下列要求：

（1）标准设防类　标准设防类应按本地区抗震设防烈度确定其抗震措施和地震作用，达到在遭遇高于当地抗震设防烈度的预估罕遇地震影响时不致倒塌或发生危及生命安全的严重破坏的抗震设防目标。

（2）重点设防类　重点设防类应按高于本地区抗震设防烈度一度的要求加强其抗震措施；但抗震设防烈度为 9 度时应按比 9 度更高的要求采取抗震措施；地基基础的抗震措施，应符合有关规定。同时，应按本地区抗震设防烈度确定其地震作用。

（3）特殊设防类　特殊设防类应按高于本地区抗震设防烈度提高一度的要求加强其抗震措施，但抗震设防烈度为 9 度时应按比 9 度更高的要求采取抗震措施。同时，应按批准的地震安全性评价的结果且高于本地区抗震设防烈度的要求确定其地震作用。

（4）适度设防类　适度设防类允许比本地区抗震设防烈度的要求适当降低其抗震措施，但抗震设防烈度为 6 度时不应降低。一般情况下，仍应按本地区抗震设防烈度确定其地震作用。

对于划为重点设防类而规模很小的工业建筑当改用抗震性能较好的材料且符合《建筑抗震设计规范》（GB 50011—2010）对结构体系的要求时，允许按标准设防类设防。

3. 建筑抗震设防目标和方法

（1）抗震设防目标　根据大量数据分析，我国地震烈度的概率分布基本符合极值Ⅲ型分布。我国对小震、中震、大震的三个概率水准做了具体规定，根据分析，当设计基准期取为 50 年时：

1）概率密度曲线的峰值烈度对应的超越概率（超过该烈度的概率）为 63.2%，将这一峰值烈度定义为小震烈度（又称众值烈度或多遇地震烈度），为第一水准烈度，对应的地震称为多遇地震。

2）超越概率为 10% 所对应的地震烈度，称为中震烈度，为第二水准烈度。我国地震区划规定的各地基本烈度可取为中震烈度，即为抗震设防烈度，抗震设防烈度与设计基本地震加速度值之间的对应关系见表 1-1。

抗震设防烈度和设计基本地震加速度值的对应关系　　　　　　　　　　　　表 1-1

抗震设防烈度	6	7	8	9
设计基本地震加速度值	0.05g	0.10（0.15）g	0.20（0.30）g	0.40g

注：g 为重力加速度。

3）超越概率为 2% 所对应的地震烈度，称为大震烈度（又称罕遇地震烈度），为第三水准烈度，对应的地震称为罕遇地震。

根据我国对地震危险性的统计分析得到：设防烈度比多遇烈度高约 1.55 度，而罕遇地震比基本烈度高约 1 度。

抗震设防目标是指当建筑结构遭遇不同水准的地震影响时，对结构、构件、使用功能、设备的损坏程度及人身安全的总要求。建筑设防目标要求建筑物在使用期间，对不同频率和强度的地震，应具有不同的抵抗能力，对一般较小的地震，发生的可能性大，这时要求结构不受损坏，在技术上和经济上都可以做到；而对于罕遇的强烈地震，由于发生的可能性小，但地震作用大，在此强震作用下要保证结构完全不损坏，技术难度大，经济投入也大，是不合算的，这时若允许有所损坏，但不倒塌，则是经济合理的。

我国《建筑抗震设计规范》（GB 50011—2010）规定，设防烈度为 6 度及 6 度以上地区必须进行抗震设计，并提出三水准抗震设防目标：

第一水准：当建筑物遭受低于本地区设防烈度的多遇地震影响时，一般不受损坏或不需修理可继续使用（小震不坏）。

第二水准：当建筑物遭受相当于本地区设防烈度的地震影响时，可能损坏，但经一般修理或不需修理仍可继续使用（中震可修）。

第三水准：当建筑物遭受高于本地区设防烈度的罕遇地震影响时，不致倒塌或发生危及生命的严重破坏（大震不倒）。

此外，我国《建筑抗震设计规范》（GB 50011—2010）对主要城市和地区的抗震设防烈度、设计基本地震加速度值给出了具体规定，同时指出了相应的设计地震分组，这样划分能更好地体现震级和震中距的影响，使对地震作用的计算更为细致。

（2）抗震设防方法　为实现上述"三水准"的抗震设计目标，我国《建筑抗震设计规范》（GB 50011—2010）采用"两阶段"设计方法：

第一阶段设计：当遭遇第一水准烈度时，结构处于弹性变形阶段。按与设防烈度对应的多遇地震烈度的地震作用效应和其他荷载效应组合，进行验算结构构件的承载能力和结构的弹性变形，从而满足第一水准和第二水准的要求，并通过概念设计和抗震构造措施来满足第三水准的要求。

第二阶段设计：当遭遇第三水准烈度时，结构处于非弹性变形阶段。同样应按与设防烈度对应的罕遇烈度的地震作用效应进行弹塑性层间位移验算，并采取相应的抗震构造措施满足第三水准的要求。

对于大多数比较规则的建筑结构，一般可只进行第一阶段的设计，而对于一些有特殊要求的建筑或不规则的建筑结构，除进行第一阶段设计之外，还应进行第二阶段设计。

1.1.2　建筑物抗震措施抗震等级的烈度

1. 多层和高层钢筋混凝土房屋抗震等级

抗震设计时，高层建筑钢筋混凝土房屋应根据设防类别、烈度、结构类型和房屋高度采用不同的抗震等级，并应符合相应的计算和构造措施要求。A 级高度现浇钢筋混凝土房屋的抗震等级应按表 1-2 确定。

A 级高度现浇钢筋混凝土房屋的抗震等级　　　　表 1-2

结构类型		设防烈度						
		6		7		8		9
框架结构	高度（m）	≤24	>24	≤24	>24	≤24	>24	≤24
	框架	四	三	三	二	二	一	一
	大跨度框架	三		二		一		一
框架-抗震墙结构	高度（m）	≤60	>60	≤24	25～60	>60	≤24	25～60	>60	≤24	25～50
	框架	四	三	四	三	二	三	二	一	二	一
	抗震墙	三		三	二		二		一		一

续表

结构类型		设防烈度									
		6		7			8			9	
抗震墙结构	高度（m）	≤80	>80	≤24	25～80	>80	≤24	25～80	>80	≤24	25～60
	剪力墙	四	三	四	三	二	三	二	一	二	一
部分框支抗震墙结构	高度（m）	≤80	>80	≤24	25～80	>80	≤24	25～80			
	抗震墙 一般部位	四	三	四	三	二	三	二			
	抗震墙 加强部位	三	二	三	二	一	二	一			
	框支层框架	二		二			一				
框架-核心筒结构	框架	三		二			一				
	核心筒	二		二			一				
筒中筒结构	外筒	三		二			一				
	内筒	三		二			一				
板柱-抗震墙结构	高度（m）	≤35	>35	≤35	>35		≤35	>35			
	框架、板柱的柱	三	二	二	二		二	一			
	抗震墙	二	二	二	二		二	一			

注：1. 建筑场地为Ⅰ类时，除6度外应允许按表内降低一度所对应的抗震等级采取抗震构造措施，但相应的计算要求不应降低。
   2. 接近或等于高度分界时，应允许结合房屋不规则程度及场地、地基条件确定抗震等级。
   3. 大跨度框架指跨度不小于18m的框架。
   4. 高度不超过60m的框架-核心筒结构按框架-抗震墙的要求设计时，应按表中框架-抗震墙结构的规定确定其抗震等级。

抗震设计时，B级高度丙类建筑钢筋混凝土结构的抗震等级应按表1-3确定。

B级高度的高层建筑结构抗震等级　　　　　　表1-3

结构类型		烈度		
		6度	7度	8度
框架-剪力墙	框架	二	一	一
	剪力墙	二	一	特一
剪力墙		二	一	特一
部分框支剪力墙	非底部加强部位剪力墙	二	一	一
	底部加强部位剪力墙	一	一	特一
	框支框架	一	特一	特一
框架-核心筒	框架	二	一	一
	筒体	二	一	特一
筒中筒	外筒	二	一	特一
	内筒	二	一	特一

注：底部带转换层的筒体结构，其转换框架和底部加强部位筒体的抗震等级应按表中部分框支剪力墙结构的规定采用。

地下室、裙房与主楼相连处及复杂结构抗震等级的确定：

（1）当地下室顶板作为上部结构的嵌固部位时，地下一层的抗震等级应与上部结构相同，地下一层以下的抗震等级可逐层降低一级，但不应低于四级。地下室中无上部结构的部分，抗震等级可根据具体情况采用三级或四级。

（2）与主楼连为整体的裙房的抗震等级，除应按裙房本身确定抗震等级外，相关范围（一般可从主楼周边外延三跨且不小于20m范围）不应低于主楼的抗震等级；裙房与主楼分离时，应按裙房本身确定抗震等级。

（3）带加强层高层建筑结构，加强层及其上下相邻一层的框架柱和核心筒剪力墙的抗震等级应提高一级采用。

（4）错层结构，错层处框架柱及错层处平面外受力的剪力墙的抗震等级应按提高一级采用。

（5）连体结构的连接体及与连接体相邻的结构构件在连接体高度范围及其上、下层抗震等级应按提高一级采用。

（6）第（3）条～第（5）条，若原抗震等级为一级则提高至特一级。特一级抗震等级的有关要求应按《高层建筑混凝土结构技术规程》（JGJ 3—2010）中有关规定执行。

2. 多层和高层钢筋混凝土房屋抗震措施与抗震等级的烈度

多层和高层钢筋混凝土结构构件应根据抗震设防类别、所在地区的抗震设防烈度、所在地的场地类别、结构类型以及房屋高度采用不同的抗震等级，并且应符合相应的抗震措施。

（1）甲类、乙类建筑　应按本地区抗震设防烈度提高一度的要求加强其抗震措施，但抗震设防烈度为9度时应按比9度更高的要求采取抗震措施，当建筑场地为Ⅰ类时，应允许仍按本地区抗震设防烈度的要求采取抗震构造措施。

（2）丙类建筑　应按本地区抗震设防烈度确定其抗震措施，当建筑场地为Ⅰ类时，除6度外，应允许按本地区抗震设防烈度降低一度的要求采取抗震构造措施。

（3）丁类建筑　允许比本地区抗震设防烈度要求适当降低其抗震措施，但抗震设防烈度为6度时不应降低。

当建筑场地为Ⅲ、Ⅳ类时，对设计基本地震加速度为0.15g和0.30g的地区，除《建筑抗震设计规范》（GB 50011—2010）中关于建造于Ⅳ类场地且较高的高层建筑的柱轴压比限值和最小总配筋率等规定外，宜分别按抗震设防烈度8度（0.20g）和9度（0.40g）时各类建筑的要求采取抗震构造措施。

确定抗震措施的抗震等级时应按表1-4选取烈度。

确定建筑物抗震措施抗震等级的烈度　　　　　　　　　　　　表 1-4

所在地区的设防烈度		6 (0.05g)		7 (0.10g)		7 (0.15g)			8 (0.20g)		8 (0.30g)			9 (0.40g)	
场地类别		Ⅰ	Ⅱ、Ⅲ、Ⅳ	Ⅰ	Ⅱ、Ⅲ、Ⅳ	Ⅰ	Ⅱ	Ⅲ、Ⅳ	Ⅰ	Ⅱ、Ⅲ、Ⅳ	Ⅰ	Ⅱ	Ⅲ、Ⅳ	Ⅰ	Ⅱ、Ⅲ、Ⅳ
抗震构造措施	甲、乙类建筑	6	7	7	8	7	8	8*	8	9	8	9	9*	9	9*
	丙类建筑	6	6	6	7	6	7	7	7	8	7	8	9	8	9
	丁类建筑	6	6	6	7-	6	7-	8-	7	8-	7	8-	9-	8	9-
除抗震构造措施以外的其他抗震措施	甲、乙类建筑	7	7	8	8	8	8	9	9	9	9	9	9	9*	9*
	丙类建筑	6	6	7	7	7	7	7	8	8	8	8	9	8	9
	丁类建筑	6	6	7-	7-	7-	7-	8-	8-	8-	8-	8-	9-	8	9-

注：1. "抗震措施"是除了地震作用计算和构件抗力计算以外的抗震设计内容，包括建筑总体布置、结构选型、地基抗液化措施、考虑概念设计对地震作用效应（内力和变形）的调整，以及各种抗震构造措施。

2. "抗震构造措施"是根据抗震概念设计的原则，一般不需要计算而对结构和非结构部分必须采取的各种细部构造，如构件尺寸、高厚比、轴压比、长细比、纵筋配筋率、箍筋配箍率、钢筋直径、间距等构造和连接要求等。

3. 8*、9*表示比8、9度适当提高而不是提高一度的抗震措施。

4. 7-、8-、9-表示比7、8、9度适当降低而不是降低一度的抗震措施。

5. 甲、乙类建筑及Ⅲ、Ⅳ类场地且设计基本烈度为0.15g和0.3g的丙类建筑按表1-4确定抗震措施时，如果房屋高度超过对应的房屋最大适用高度，则应采取比对应抗震等级更有效的抗震构造措施。

1.1.3 抗震结构材料要求

1. 混凝土

（1）钢筋混凝土结构的混凝土强度等级不应低于 C20；采用强度级别 400MPa 及以上的钢筋时，混凝土强度等级不应低于 C25。

（2）框支梁、框支柱、一级抗震等级的框架梁和柱、错层处框架柱及节点混凝土强度等级不应低于 C30。

（3）剪力墙混凝土强度等级不宜超过 C60；其他构件，9 度时不宜超过 C60，8 度时不宜超过 C70。

（4）混凝土强度等级应按下列标准确定：

1）混凝土轴心抗压强度标准值 f_{ck} 应按表 1-5 采用；轴心抗拉强度标准值 f_{tk} 应按表 1-6采用。

混凝土轴心抗压强度标准值（N/mm²）　　　表 1-5

强度	混凝土强度等级													
	C15	C20	C25	C30	C35	C40	C45	C50	C55	C60	C65	C70	C75	C80
f_{ck}	10.0	13.4	16.7	20.1	23.4	26.8	29.6	32.4	35.5	38.5	41.5	44.5	47.4	50.2

混凝土轴心抗拉强度标准值（N/mm²）　　　表 1-6

强度	混凝土强度等级													
	C15	C20	C25	C30	C35	C40	C45	C50	C55	C60	C65	C70	C75	C80
f_{tk}	1.27	1.54	1.78	2.01	2.20	2.39	2.51	2.64	2.74	2.85	2.93	2.99	3.05	3.11

混凝土轴心抗压强度设计值 f_c 应按表 1-7 采用；轴心抗拉强度设计值 f_t 应按表 1-8 采用。

混凝土轴心抗压强度设计值（N/mm²）　　　表 1-7

强度	混凝土强度等级													
	C15	C20	C25	C30	C35	C40	C45	C50	C55	C60	C65	C70	C75	C80
f_c	7.2	9.6	11.9	14.3	16.7	19.1	21.1	23.1	25.3	27.5	29.7	31.8	33.8	35.9

混凝土轴心抗拉强度设计值（N/mm²）　　　表 1-8

强度	混凝土强度等级													
	C15	C20	C25	C30	C35	C40	C45	C50	C55	C60	C65	C70	C75	C80
f_t	0.91	1.10	1.27	1.43	1.57	1.71	1.80	1.89	1.96	2.04	2.09	2.14	2.18	2.22

2）混凝土受压和受拉的弹性模量 E_c 宜按表 1-9 采用。

混凝土的剪切变形模量 G_c 可按相应弹性模量值的 40% 采用。

混凝土泊松比 υ_c 可按 0.2 采用。

混凝土的弹性模量（×10⁴ N/mm²）　　　表 1-9

混凝土强度等级	C15	C20	C25	C30	C35	C40	C45	C50	C55	C60	C65	C70	C75	C80
E_c	2.20	2.55	2.80	3.00	3.15	3.25	3.35	3.45	3.55	3.60	3.65	3.70	3.75	3.80

注：1. 当有可靠试验依据时，弹性模量可根据实测数据确定。
　　2. 当混凝土中掺有大量矿物掺合料时，弹性模量可按规定龄期根据实测数据确定。

3）混凝土轴心抗压疲劳强度设计值 f_c^f、轴心抗拉疲劳强度设计值 f_t^f 应分别按表 1-7、表 1-8 中的强度设计值乘以疲劳强度修正系数 γ_ρ 确定。混凝土受压或受拉疲劳强度修正系

数 γ_ρ 应根据疲劳应力比值 ρ_c^f 分别按表1-10、表1-11采用；当混凝土承受拉-压疲劳应力作用时，疲劳强度修正系数 γ_ρ 取0.60。

混凝土受压疲劳强度修正系数 γ_ρ 表1-10

ρ_c^f	$0 \leqslant \rho_c^f < 0.1$	$0.1 \leqslant \rho_c^f < 0.2$	$0.2 \leqslant \rho_c^f < 0.3$	$0.3 \leqslant \rho_c^f < 0.4$	$0.4 \leqslant \rho_c^f < 0.5$	$\rho_c^f \geqslant 0.5$
γ_ρ	0.68	0.74	0.80	0.86	0.93	1.00

混凝土受拉疲劳强度修正系数 γ_ρ 表1-11

ρ_c^f	$0 < \rho_c^f < 0.1$	$0.1 \leqslant \rho_c^f < 0.2$	$0.2 \leqslant \rho_c^f < 0.3$	$0.3 \leqslant \rho_c^f < 0.4$	$0.4 \leqslant \rho_c^f < 0.5$
γ_ρ	0.63	0.66	0.69	0.72	0.74
ρ_c^f	$0.5 \leqslant \rho_c^f < 0.6$	$0.6 \leqslant \rho_c^f < 0.7$	$0.7 \leqslant \rho_c^f < 0.8$	$\rho_c^f \geqslant 0.8$	—
γ_ρ	0.76	0.80	0.90	1.00	—

注：直接承受疲劳荷载的混凝土构件，当采用蒸汽养护时，养护温度不宜高于60℃。

疲劳应力比值应按下列公式计算：

$$\rho_c^f = \frac{\sigma_{c,min}^f}{\sigma_{c,max}^f} \tag{1-1}$$

式中 $\sigma_{c,min}^f$、$\sigma_{c,max}^f$——构件疲劳验算时，截面同一纤维上混凝土的最小应力、最大应力。

4）混凝土疲劳变形模量 E_c^f 应按表1-12采用。

混凝土的疲劳变形模量（$\times 10^4 \text{N/mm}^2$） 表1-12

强度等级	C30	C35	C40	C45	C50	C55	C60	C65	C70	C75	C80
E_c^f	1.30	1.40	1.50	1.55	1.60	1.65	1.70	1.75	1.80	1.85	1.90

5）当温度在0℃～100℃范围内时，混凝土的热工参数可按下列规定取值：

线膨胀系数 α_c：$1 \times 10^{-5}/℃$。

导热系数 λ：$10.6\text{kJ/(m} \cdot \text{h} \cdot ℃)$。

比热容 c：$0.96\text{kJ/(kg} \cdot ℃)$。

2. 钢筋

（1）纵向受力普通钢筋宜采用HRB400、HRB500、HRBF400、HRBF500钢筋，也可采用HPB300、HRB335、HRBF335、RRB400钢筋。

（2）梁、柱中的纵向受力普通钢筋应采用HRB400、HRB500、HRBF400、HRBF500钢筋。

（3）梁、柱、支撑以及剪力墙边缘构件中，其受力钢筋宜采用热轧带肋钢筋；当采用现行国家标准《钢筋混凝土用钢 第2部分：热轧带肋钢筋》（GB 1499.2—2007/XG1-2009）中牌号带"E"的热轧带肋钢筋时，其强度和弹性模量应按《混凝土结构设计规范》GB 50010—2010有关热轧带肋钢筋的规定采用。

（4）箍筋宜采用HRB400、HRBF400、HPB300、HRB500、HRBF500钢筋，也可采用HRB335、HRBF335钢筋。

（5）在箍筋用于抗剪、抗扭及抗冲切的计算过程中，钢筋强度设计值大于360N/mm^{2}时应取360N/mm^2。

（6）按一、二、三级抗震等级设计的框架和斜撑构件，其纵向普通受力钢筋应符合下列要求：

1）钢筋的抗拉强度实测值与屈服强度实测值的比值不应小于1.25。

2）钢筋的屈服强度实测值与屈服强度标准值的比值不应大于 1.30。

3）钢筋最大拉力下的总伸长率实测值不应小于 9%。

（7）钢筋的强度标准值应按下列要求确定：

1）钢筋的强度标准值应具有不小于 95% 的保证率。

普通钢筋的屈服强度标准值 f_{yk}、极限强度标准值 f_{stk} 应按表 1-13 采用；预应力钢丝、钢绞线和预应力螺纹钢筋的屈服强度标准值 f_{pyk}、极限强度标准值 f_{ptk} 应按表 1-14 采用。

普通钢筋强度标准值（N/mm²）　　　　　　　　　　　　　　表 1-13

牌　号	符　号	公称直径 d（mm）	屈服强度标准值 f_{yk}	极限强度标准值 f_{stk}
HPB300	Φ	6～22	300	420
HRB335 HRBF335	Φ Φ^F	6～50	335	455
HRB400 HRBF400 RRB400	Φ Φ^F Φ^R	6～50	400	540
HRB500 HRBF500	Φ Φ^F	6～50	500	630

预应力筋强度标准值（N/mm²）　　　　　　　　　　　　　　表 1-14

种　类		符　号	公称直径 d（mm）	屈服强度标准值 f_{pyk}	极限强度标准值 f_{ptk}
中强度预应力钢丝	光面 螺旋肋	Φ^{PM} Φ^{HM}	5、7、9	620	800
				780	970
				980	1270
预应力螺纹钢筋	螺纹	Φ^T	18、25、32、40、50	785	980
				930	1080
				1080	1230
消除应力钢丝	光面 螺旋肋	Φ^P Φ^H	5	—	1570
				—	1860
			7	—	1570
			9	—	1470
				—	1570
钢绞线	1×3 （三股）	Φ^S	8.6、10.8、12.9	—	1570
				—	1860
				—	1960
	1×7 （七股）		9.5、12.7、15.2、17.8	—	1720
				—	1860
				—	1960
			21.6	—	1860

注：极限强度标准值为 1960N/mm² 的钢绞线作后张预应力配筋时，应有可靠的工程经验。

2）普通钢筋的抗拉强度设计值 f_y、抗压强度设计值 f'_y 应按表 1-15 采用；预应力筋的抗拉强度设计值 f_{py}、抗压强度设计值 f'_{py} 应按表 1-16 采用。

普通钢筋强度设计值（N/mm²）　　　　　　　　　　　　　　表 1-15

牌　号	抗拉强度设计值 f_y	抗压强度设计值 f'_y
HPB300	270	270
HRB335、HRBF335	300	300
HRB400、HRBF400、RRB400	360	360
HRB500、HRBF500	435	410

预应力筋强度设计值（N/mm²） 表 1-16

种　类	极限强度标准值 f_{ptk}	抗拉强度设计值 f_{py}	抗压强度设计值 f'_{py}
中强度预应力钢丝	800	510	
	970	650	410
	1270	810	
消除应力钢丝	1470	1040	
	1570	1110	410
	1860	1320	
钢绞线	1570	1110	
	1720	1220	
	1860	1320	390
	1960	1390	
预应力螺纹钢筋	980	650	
	1080	770	410
	1230	900	

注：当预应力筋的强度标准值不符合表 1-16 的规定时，其强度设计值应进行相应的比例换算。

当构件中配有不同种类的钢筋时，每种钢筋应采用各自的强度设计值。横向钢筋的抗拉强度设计值 f_{yv} 应按表中 f_y 的数值采用；当用作受剪、受扭、受冲切承载力计算时，其数值大于 360N/mm² 时应取 360N/mm²。

3）普通钢筋及预应力筋在最大力下的总伸长率 δ_{gt} 不应小于表 1-17 规定的数值。

普通钢筋及预应力筋在最大力下的总伸长率限值 表 1-17

钢筋品种	普通钢筋			预应力筋
	HPB300	HRB335、HRBF335、HRB400、HRBF400、HRB500、HRBF500	RRB400	
δ_{gt}（%）	10.0	7.5	5.0	3.5

4）普通钢筋和预应力筋的弹性模量 E_s 应按表 1-18 采用。

钢筋的弹性模量（×10⁵ N/mm²） 表 1-18

牌号或种类	弹性模量 E_s
HPB300 钢筋	2.10
HRB335、HRB400、HRB500 钢筋 HRBF335、HRBF400、HRBF500 钢筋 RRB400 钢筋 预应力螺纹钢筋	2.00
消除应力钢丝、中强度预应力钢丝	2.05
钢绞线	1.95

注：必要时可采用实测的弹性模量。

5）普通钢筋和预应力筋的疲劳应力幅限值 Δf_y^f 和 Δf_{py}^f 应根据钢筋疲劳应力比值 ρ_s^f、ρ_p^f 分别按表 1-19、表 1-20 线性内插取值。

普通钢筋疲劳应力幅限值（N/mm²） 表 1-19

疲劳应力比值 ρ_s^f	疲劳应力幅限值 Δf_y^f	
	HRB335	HRB400
0	175	175
0.1	162	162
0.2	154	156

续表

疲劳应力比值 ρ_s^f	疲劳应力幅限值 Δf_y^f	
	HRB335	HRB400
0.3	144	149
0.4	131	137
0.5	115	123
0.6	97	106
0.7	77	85
0.8	54	60
0.9	28	31

注：当纵向受拉钢筋采用闪光接触对焊连接时，其接头处的钢筋疲劳应力幅限值应按表中数值乘以 0.8 取用。

预应力筋疲劳应力幅限值（N/mm²）　　　　　　　表 1-20

疲劳应力比值 ρ_p^f	钢绞线 $f_{ptk}=1570$	消除应力钢丝 $f_{ptk}=1570$
0.7	144	240
0.8	118	168
0.9	70	88

注：1. 当 ρ_p^f 不小于 0.9 时，可不作预应力筋疲劳验算。
　　2. 当有充分依据时，可对表中规定的疲劳应力幅限值作适当调整。

1.1.4 房屋体量

1. 房屋高度

（1）控制房屋高度　混凝土属脆性材料，在混凝土中设置钢筋后浇制成的钢筋混凝土结构，构件的延性是得到大幅度的提高。然而，钢筋混凝土构件的延性，在不同的受力状态和破坏形态下，存在着较大的差异。构件受拉或弯拉破坏时，具有较大的延性；构件受压、弯压或受剪破坏时，延性则较小。尽管我们本着"四强、四弱"耐震设计准则对结构进行抗震优化设计，但仍难以避免结构构件不发生因受剪或受压损伤而使承载力下降。因此，对于采用钢筋混凝土结构的房屋，高度更应该有所控制。

（2）房屋高度限值　钢筋混凝土高层建筑结构的最大适用高度应区分为 A 级和 B 级。A 级高度钢筋混凝土乙类和丙类高层建筑的最大适用高度应符合表 1-21 的规定，B 级高度钢筋混凝土乙类和丙类高层建筑的最大适用高度应符合表 1-22 的规定。

平面和竖向均不规则的高层建筑结构，其最大适用高度宜适当降低。

A 级高度现浇钢筋混凝土房屋的最大适用高度（m）　　　　　　表 1-21

结构体系		非抗震设计	抗震设防烈度				
			6 度	7 度	8 度		9 度
					0.20g	0.30g	
框架结构		70	60	50	40	35	—
框架-剪力墙结构		150	130	120	100	80	50
剪力墙	全部落地剪力墙	150	140	120	100	80	60
	部分框支剪力墙	130	120	100	80	50	不应采用

续表

结构体系		非抗震设计	抗震设防烈度				
			6度	7度	8度		9度
					0.20g	0.30g	
筒体	框架-核心筒结构	160	150	130	100	90	70
	筒中筒结构	200	180	150	120	100	80
板柱-剪力墙结构		110	80	70	55	40	不应采用

注：1. 表中框架不含异形柱框架。
　　2. 部分框支剪力墙结构指地面以上有部分框支剪力墙的剪力墙结构。
　　3. 甲类建筑，6、7、8度时宜按本地区抗震设防烈度提高1度后符合本表的要求，9度时应专门研究。
　　4. 框架结构、板柱-剪力墙结构以及9度抗震设防的表列其他结构，当房屋高度超过本表数值时，结构设计应有可靠依据，并采取有效的加强措施。

B级高度钢筋混凝土高层建筑的最大适用高度（m）　　　　表 1-22

结构体系		非抗震设计	抗震设防烈度			
			6度	7度	8度	
					0.20g	0.30g
框架-剪力墙结构		170	160	140	120	100
剪力墙	全部落地剪力墙	180	170	150	130	110
	部分框支剪力墙	150	140	120	100	80
筒体	框架-核心筒结构	220	210	180	140	120
	筒中筒结构	300	280	230	170	150

注：1. 部分框支剪力墙结构指地面以上有部分框支剪力墙的剪力墙结构。
　　2. 甲类建筑，6、7度时宜按本地区设防烈度提高1度后符合本表的要求，8度时应专门研究。
　　3. 当房屋高度超过表中数值时，结构设计应有可靠依据，并采取有效的加强措施。

2. 房屋高宽比

（1）限制房屋的高宽比，是对房屋的结构刚度、整体稳定、承载能力和经济合理性的宏观控制。

（2）即使房屋高度不变，地震倾覆力矩在结构竖构件中引起的压力和拉力，也会随着房屋高宽比的加大而增大，结构侧移也随之增大。因此，对于钢筋混凝土结构，在控制房屋高度的同时，房屋的高宽比也应该得到控制。

钢筋混凝土高层建筑结构的高宽比不宜超过表 1-23 的规定。

钢筋混凝土高层建筑结构的最大高宽比　　　　表 1-23

结构体系	非抗震设计	抗震设防烈度		
		6度、7度	8度	9度
框架结构	5	4	3	—
板柱-剪力墙结构	6	5	4	—
框架-剪力墙结构、剪力墙结构	7	6	5	4
框架-核心筒结构	8	7	6	4
筒中筒结构	8	8	7	5

3. 房屋长宽比

钢筋混凝土高层建筑要考虑长宽比要求。所谓长宽比就是结构长度与宽度（窄边长）的比值。长宽比是对结构刚度、整体稳定、承载能力和经济合理性的宏观控制。

框架-抗震墙、板柱-抗震墙结构以及框支层中，抗震墙之间无大洞口的楼、屋盖的长宽比，不宜超过表 1-24 的规定；超过时，应计入楼盖平面内变形的影响。

抗震墙之间楼屋盖的长宽比　　　　　　　表 1-24

楼、屋盖类型		设防烈度			
		6	7	8	9
框架-抗震墙结构	现浇或叠合楼、屋盖	4	4	3	2
	装配整体式楼、屋盖	3	3	2	不宜采用
板柱-抗震墙结构的现浇楼、屋盖		3	3	2	—
框支层的现浇楼、屋盖		2.5	2.5	2	—

1.1.5 高层建筑混凝土要求

1. 混凝土结构的环境类别

混凝土结构暴露的环境类别见表 1-25。

混凝土结构的环境类别　　　　　　　表 1-25

环境类别	条　件
一	室内干燥环境 无侵蚀性静水浸没环境
二 a	室内潮湿环境 非严寒和非寒冷地区的露天环境 非严寒和非寒冷地区与无侵蚀性的水或土壤直接接触的环境 严寒和寒冷地区的冰冻线以下与无侵蚀性的水或土壤直接接触的环境
二 b	干湿交替环境 水位频繁变动环境 严寒和寒冷地区的露天环境 严寒和寒冷地区冰冻线以上与无侵蚀性的水或土壤直接接触的环境
三 a	严寒和寒冷地区冬季水位变动区环境 受除冰盐影响环境 海风环境
三 b	盐渍土环境 受除冰盐作用环境 海岸环境
四	海水环境
五	受人为或自然的侵蚀性物质影响的环境

注：1. 室内潮湿环境是指构件表面经常处于结露或湿润状态的环境。
　　2. 严寒和寒冷地区的划分应符合现行国家标准《民用建筑热工设计规范》(GB 50176—1993) 的有关规定。
　　3. 海岸环境和海风环境宜根据当地情况，考虑主导风向及结构所处迎风、背风部位等因素的影响，由调查研究和工程经验确定。
　　4. 受除冰盐影响环境是指受到除冰盐盐雾影响的环境；受除冰盐作用环境是指作冰盐溶液溅射的环境以及使用除冰盐地区的洗车房、停车楼等建筑。
　　5. 暴露的环境是指混凝土结构表面所处的环境。

2. 混凝土保护层的厚度

构件中的普通钢筋，其最外层钢筋的混凝土保护层厚度（最外层钢筋外边缘至混凝土表面的距离）不应小于表 1-26、表 1-27 的数值且受力钢筋的保护层厚度不应小于钢筋的公称直径。

钢筋的混凝土保护层最小厚度（设计使用年限为 50 年）(mm)　　　表 1-26

环境类别	板、墙	梁、柱
一	15	20
二 a	20	25
二 b	25	35

续表

环境类别	板、墙	梁、柱
三 a	30	40
三 b	40	50

注：1. 混凝土强度等级不大于 C25 时，表中保护层厚度数值应增加 5mm。
　　2. 钢筋混凝土基础宜设置混凝土垫层，基础中钢筋的混凝土保护层厚度应从垫层顶面算起，且不应小于 40mm。

钢筋的混凝土最小保护层厚度（设计使用年限为 100 年）（mm）　　　**表 1-27**

环境等级	板、墙	梁、柱
一	20	30

注：1. 钢筋混凝土基础宜设置混凝土垫层，其受力钢筋的混凝土保护层厚度应从垫层顶面算起，且不应小于 60mm。
　　2. 一类环境中，当采取有效的表面防护措施时，混凝土保护层厚度可适当减小。
　　3. 二、三类环境中，设计使用年限 100 年的混凝土结构应采取专门的有效措施。

当梁、柱、墙中纵向受力钢筋的保护层厚度大于 50mm 时，宜对保护层采取有效的构造措施。可在保护层内配置防裂、防剥落的焊接钢筋网片，网片钢筋的保护层厚度不应小于 25mm，并应采取有效的绝缘、定位措施。

1.2　框架结构抗震构造与应用

1.2.1　框架梁、柱纵筋构造

现浇框架梁、柱纵筋构造如图 1-1 所示。

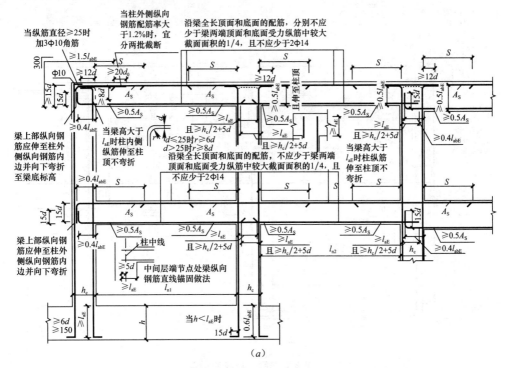

图 1-1　现浇框架梁、柱纵筋构造（一）
（a）一级抗震等级现浇框架梁、柱纵筋构造

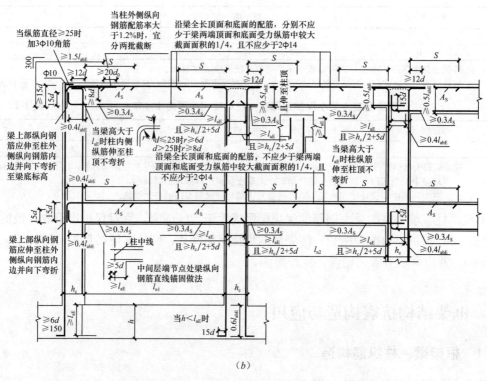

（b）

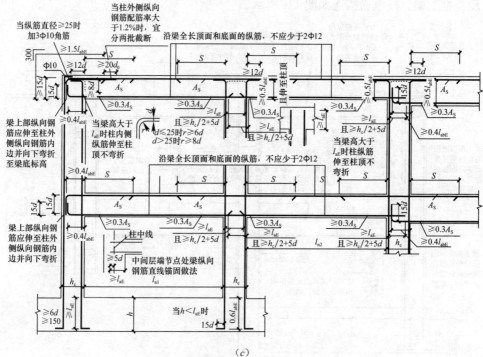

（c）

图 1-1　现浇框架梁、柱纵筋构造（二）

（b）二级抗震等级现浇框架梁、柱纵筋构造；（c）三级抗震等级现浇框架梁、柱纵筋构造

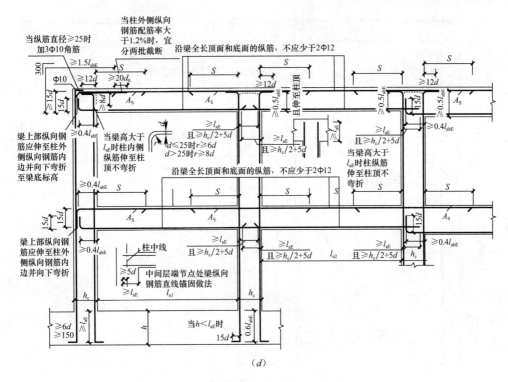

图 1-1 现浇框架梁、柱纵筋构造（三）

（d）四级抗震等级现浇框架梁、柱纵筋构造

h_c—柱高；d—纵筋直径；h—基础梁高或基础底板厚；d_0—柱外侧纵向钢筋直径；

l_{abE}—纵向受拉钢筋的抗震基本锚固长度；ϕ—仅表示钢筋直径；

A_s—梁端截面顶部纵向受力钢筋的面积；S—加密区长度；

l_{aE}—抗震设防钢筋锚固长度；l_{n1}—第一跨净距；l_{n2}—第二跨净距

（1）S 值为（$1/4 \sim 1/3$）l_n；l_n：端节点取端跨净跨；中间节点取两侧较大的净跨。

（2）顶层端节点，梁、柱纵向钢筋的搭接接头可沿顶层端节点外侧及梁端顶部布置，搭接长度不应小于 $1.5l_{abE}$。其中，伸入梁内的柱外侧钢筋截面面积不宜小于其外侧全部面积的 65%；梁宽范围以外的柱外侧钢筋宜沿节点顶部伸至柱内边锚固。当柱外侧纵向钢筋位于柱顶第一层时，钢筋伸至柱内边后宜向下弯折不小于 $8d$ 后截断，d 为柱纵向钢筋的直径；当柱外侧纵向钢筋位于柱顶第二层时，可不向下弯折。当现浇板厚度不小于 100mm 时，梁宽范围以外的柱外侧纵向钢筋也可伸入现浇板内，其长度与伸入梁内的柱纵向钢筋相同。

（3）当柱外侧纵向钢筋配筋率大于 1.2% 时，伸入梁内的柱纵向钢筋应满足上述规定且宜分两批截断，截断点之间的距离不宜小于 $20d_0$，d_0 为柱外侧纵向钢筋的直径。梁上部纵向钢筋应伸至节点外侧并向下弯至梁下边缘高度位置截断。

1.2.2 框架梁、柱箍筋构造

现浇框架梁、柱箍筋构造如图 1-2 所示。

（1）箍筋宜采用 HRB400、HRBF400、HPB300、HRB500、HRBF500 钢筋，也可采用 HRB335、HRBF335 钢筋。

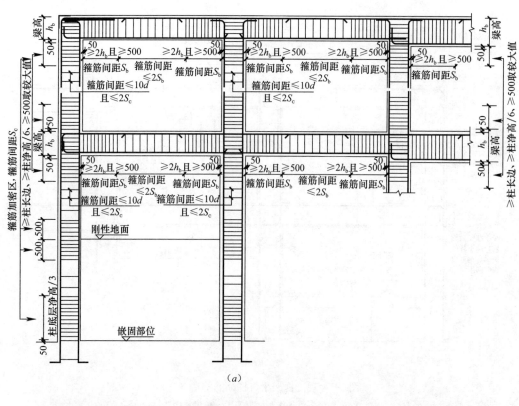

(a)

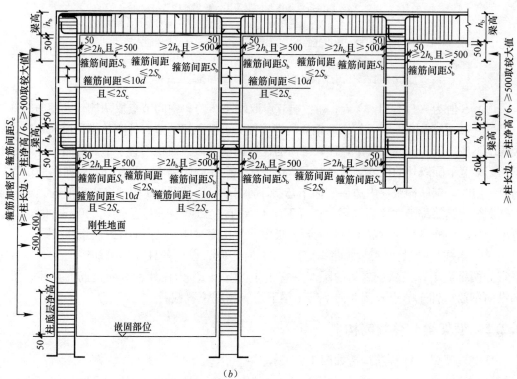

(b)

图 1-2　现浇框架梁、柱纵筋构造（一）

(a) 一级抗震等级现浇框架梁、柱箍筋构造；(b) 二级抗震等级现浇框架梁、柱箍筋构造

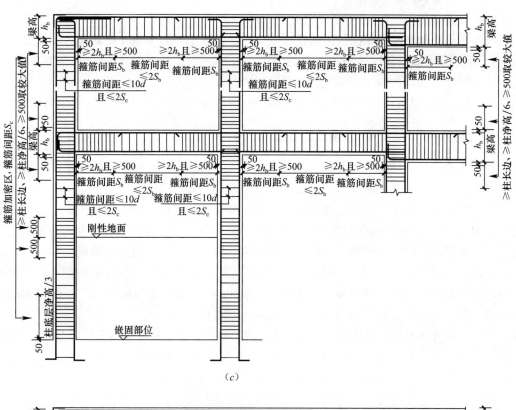

(c)

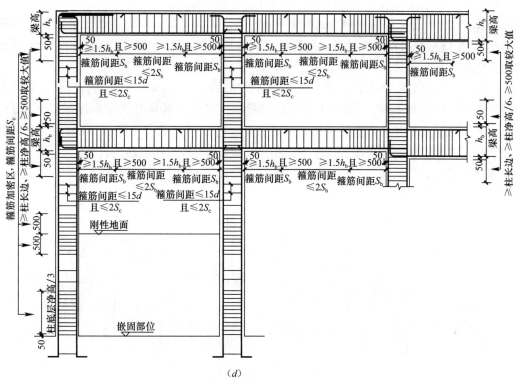

(d)

图 1-2 现浇框架梁、柱纵筋构造（二）

（c）三级抗震等级现浇框架梁、柱箍筋构造；（d）四级抗震等级现浇框架梁、柱箍筋构造

（2）柱箍筋加密区的体积配箍率应符合规定。

（3）柱箍筋加密范围除满足框架柱端部箍筋加密区范围的要求外，尚包含以下情况：

1）带加强层高层建筑结构，加强层及其上、下相邻一层的框架柱沿全柱段加密。

2）错层结构，错层处的框架柱应全柱段加密。

3）塔楼中与裙房相连的外围柱，柱箍筋宜在裙楼屋面上、下层的范围内全高加密。

1.2.3　钢筋在节点及附近部位的搭接

顶层端节点柱外侧纵向钢筋可弯入梁内作梁上部纵向钢筋；也可将梁上部纵向钢筋与柱外侧纵向钢筋在节点及附近部位搭接，搭接可采用下列方式：

（1）搭接接头可沿顶层端节点外侧及梁端顶部布置，搭接长度不应小于 $1.5l_{ab}$。其中，伸入梁内的柱外侧钢筋截面面积不宜小于其全部面积的 65%；梁宽范围以外的柱外侧钢筋宜沿节点顶部伸至柱内边锚固。当柱外侧纵向钢筋位于柱顶第一层时，钢筋伸至柱内边后宜向下弯折不小于 $8d$ 后截断，d 为柱纵向钢筋的直径；当柱外侧纵向钢筋位于柱顶第二层时，可不向下弯折。当现浇板厚度不小于 100mm 时，梁宽范围以外的柱外侧纵向钢筋也可伸入现浇板内，其长度与伸入梁内的柱纵向钢筋相同。

（2）当柱外侧纵向钢筋配筋率大于 1.2% 时，伸入梁内的柱纵向钢筋应满足（1）规定且宜分两批截断，截断点之间的距离不宜小于 $20d$，d 为柱外侧纵向钢筋的直径。梁上部纵向钢筋应伸至节点外侧并向下弯至梁下边缘高度位置截断。

（3）纵向钢筋搭接接头也可沿节点柱顶外侧直线布置，此时，搭接长度自柱顶算起不应小于 $1.7l_{ab}$。当梁上部纵向钢筋的配筋率大于 1.2% 时，弯入柱外侧的梁上部纵向钢筋应满足（1）规定的搭接长度，且宜分两批截断，其截断点之间的距离不宜小于 $20d$，d 为梁上部纵向钢筋的直径。

（4）当梁的截面高度较大，梁、柱纵向钢筋相对较小，从梁底算起的直线搭接长度未延伸至柱顶即已满足 $1.5l_{ab}$ 的要求时，应将搭接长度延伸至柱顶并满足搭接长度 $1.7l_{ab}$ 的要求；或者从梁底算起的弯折搭接长度未延伸至柱内侧边缘即已满足 $1.5l_{ab}$ 的要求时，其弯折后包括弯弧在内的水平段的长度不应小于 $15d$，d 为柱纵向钢筋的直径。

现浇框架梁、柱纵向钢筋在节点部位的搭接如图 1-3 所示。

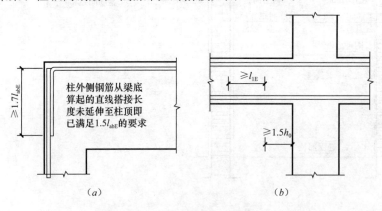

图 1-3　现浇框架梁、柱纵向钢筋在节点部位的搭接（一）
（a）顶层端节点柱外侧筋与梁端上部筋直线搭接；（b）中间层中间节点梁筋在节点外搭接

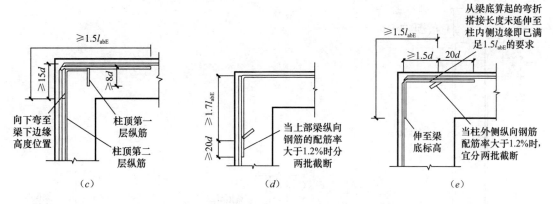

图 1-3　现浇框架梁、柱纵向钢筋在节点部位的搭接（二）

（c）顶层端节点柱外侧筋与梁端上部筋弯折搭接；（d）顶层端节点柱外侧筋与梁端上部筋直线搭接；

（e）顶层端节点柱外侧筋与梁端上部筋弯折搭接

1.2.4　框架柱纵向钢筋连接构造

框架柱纵向钢筋连接构造如图 1-4 所示。

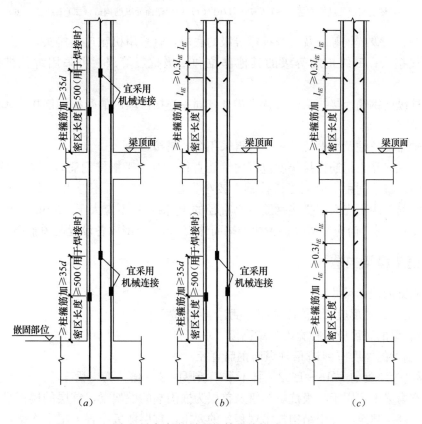

图 1-4　框架柱纵向钢筋连接构造（一）

（a）一、二级抗震等级；（b）三级抗震等级；（c）四级抗震等级

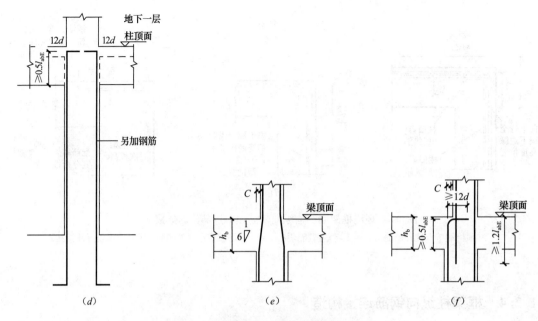

图 1-4　框架柱纵向钢筋连接构造（二）

（*d*）地下室顶板作为上部结构的嵌固部位时地下一层另加钢筋做法；

（*e*）柱变截面处纵筋构造（一）$C/h_b \leqslant 1/6$；（*f*）柱变截面处纵筋构造（二）$C/h_b > 1/6$

（1）一、二级抗震等级及三级抗震等级的底层，宜采用机械连接接头，也可采用绑扎搭接或焊接接头；三级抗震等级的其他部位和四级抗震等级，可采用绑扎搭接或焊接接头。

（2）柱纵向钢筋连接接头的位置应错开，同一连接区段内的受拉钢筋接头不宜超过全截面钢筋总面积的 50%。

（3）轴心受拉柱及小偏心受拉柱不得采用绑扎搭接接头。

（4）柱纵向受力钢筋搭接长度范围内箍筋直径不应小于搭接钢筋较大直径的 1/4。当钢筋受拉时，箍筋间距不应大于搭接钢筋较小直径的 5 倍，且不应大于 100mm；当钢筋受压时，箍筋间距不应大于搭接钢筋较小直径的 10 倍，且不应大于 200mm；当受压钢筋直径 $d > 25mm$ 时；尚应在搭接接头两个端面外 100mm 范围内各设置两道箍筋。

1.2.5　框架扁梁构造

（1）扁梁的截面尺寸

1）宽扁梁的宽度应≤2 倍柱截面宽度。

2）宽扁梁的宽度应≤柱宽度加梁高度。

3）宽扁梁的宽度应≥16 倍柱纵向钢筋直径。

4）梁高为跨度的 1/16～1/22，且不小于板厚的 2.5 倍，为扁梁。

（2）宽扁梁不宜用于一级抗震等级及首层为嵌固端的框架梁，首层的楼板是不能开大洞的，按《高层建筑混凝土结构技术规程》的要求，首层楼板布置了很多次梁，楼板的厚度可以小于 180mm，可适当减薄。

（3）扁梁应双向布置，中心线宜与柱中心线重合，边跨不宜采用宽扁梁。

（4）应验算挠度及裂缝宽度等。

（5）纵向钢筋的要求：

1）宽扁梁上部钢筋宜有 60％的面积穿过柱截面，并在端柱的节点核心区内可靠的锚固。

2）抗震等级为一、二级时，上部钢筋应有 60％的面积穿过柱截面，穿过中柱的纵向受力钢筋的直径，不宜大于柱在该方向截面尺寸的 1/20。

3）在边支座的锚固要求应符合直锚和 90°弯锚的要求，弯折端竖直段钢筋外混凝土保护层厚度不应小于 50mm（或按设计要求注明）。

4）未穿过柱截面的纵向钢筋应可靠地锚固在边框架梁内。锚固起算点为梁边，不是柱边。

5）宽扁梁纵向钢筋宜单层放置，间距不宜大于 100mm；箍筋的肢距不宜大于 200mm。

（6）箍筋加密区（注意与普通梁有区别），如图 1-5：

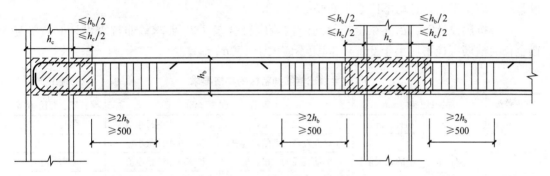

图 1-5　框架扁梁构造做法

1）抗震为一级时，为 2.5h 或 500mm 较大者。

2）其他抗震等级时，为 2.0h 或 500mm 较大者。

3）箍筋加密区起算点为扁梁（上图阴影区部分）边。

4）宽扁梁节点的内、外核心区均视为梁的支座，节点核心区系指两向宽扁梁相交面积扣除柱截面面积部分。节点外核心区箍筋一个方向正常通过，另一方向可采用 U 形箍筋对接，并满足搭接长度为 l_{le}，如图 1-6。

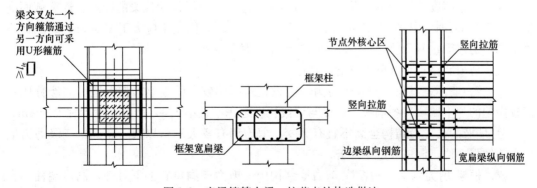

图 1-6　扁梁箍筋在梁、柱节点处构造做法

（7）当节点核心区箍筋的水平段利用扁梁的上部顶层和下部底层的纵向钢筋时，上、

下纵向受力钢筋的截面面积，应增加扁梁端部抗扭计算所需要的箍筋水平段截面面积。

（8）节点核心区可配置附加水平箍筋及竖向拉筋，拉筋勾住宽扁梁纵向钢筋并与之绑扎。

（9）节点核心区内的附加腰筋不需要全跨通长设置（因为属于局压抗扭），从扁梁外边缘向跨内延伸长度不应小于 l_{aE}。

1.3 剪力墙结构抗震构造与应用

1.3.1 剪力墙连梁配筋构造

（1）剪力墙开洞形成的跨高比小于 5 的连梁，应接连梁设计；当跨高比不小于 5 时，宜按框架梁进行设计。

（2）连梁顶面、底面纵向水平钢筋伸入墙肢长度，抗震设计时不应小于 l_{aE}，非抗震设计时不应小于 l_a，且均不应小于 600mm。

（3）抗震设计时，沿连梁全长箍筋的构造应符合表 1-28 要求；非抗震设计时，沿连梁全长的箍筋直径不应小于 6mm，间距不应大于 150mm。

框架梁端部箍筋加密区的构造要求 表 1-28

抗震等级	加密区长度/mm	箍筋最大间距/mm	箍筋最小直径/mm
一	$2h_b$ 和 500 中的较大值	纵筋直径的 6 倍，h_b 的 1/4 和 100 中的最小值	10
二		纵筋直径的 8 倍，h_b 的 1/4 和 100 中的最小值	8
三	1.5h_b 和 500 中的较大值	纵筋直径的 8 倍，h_b 的 1/4 和 150 中的最小值	8
四		纵筋直径的 8 倍，h_b 的 1/4 和 150 中的最小值	6

注：1. 当梁端纵向受拉钢筋配筋率大于 2%时，表中箍筋最小直径应增大 2mm。
　　2. 一、二级抗震等级的框架梁，当梁端箍筋加密区的箍筋直径大于 12mm、数量不少于 4 肢且肢距不大于 150mm 时，最大间距应允许适当放宽，但不得大于 150mm。
　　3. 梁端设置的第一个箍筋距框架节点边缘不应大于 50mm。
　　4. h_b 为梁高。
　　5. 截面高度大于 800mm 的梁，箍筋直径不宜小于 8mm。

（4）顶层连梁纵向水平钢筋伸入墙肢的长度范围内应配置箍筋，其间距不应大于 150mm，直径与连梁箍筋相同。

（5）连梁高度范围内的墙肢水平分布筋应在连梁内拉通作为连梁的腰筋。连梁截面高度大于 700mm 时，其两侧面腰筋的直径不应小于 8mm，间距不应大于 200mm；跨高比不大于 2.5 的连梁，其两侧腰筋的总面积配筋率同时不应小于 0.3%。

（6）剪力墙结构和部分框支剪力墙中：

1）剪力墙不宜过长，较长的剪力墙宜设置跨高比较大的连梁，将一道剪力墙分成长度较均匀的若干墙段，各墙段的高度与墙段长度之比不宜小于 4，墙段长度不宜大于 8m。

2）墙肢的长度沿结构全高不宜有突变，剪力墙有较大洞口以及一、二、三级剪力墙的底部加强部位，洞口宜上下对齐。

（7）框架-剪力墙结构和板柱-剪力墙结构中，剪力墙洞口宜上下对齐，洞边端柱不宜小于 300mm。

（8）各类结构中，楼面主梁不宜支承在剪力墙洞口的连梁上。

剪力墙连梁配筋构造如图 1-7、图 1-8 所示。

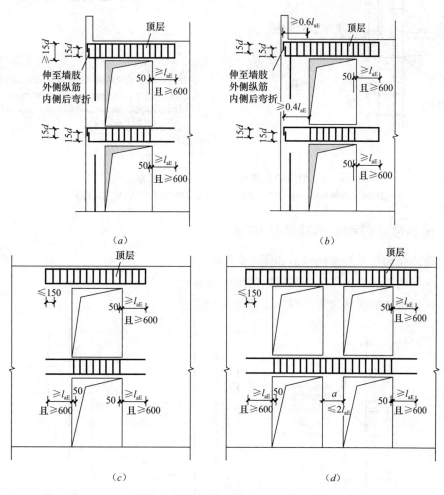

图 1-7　剪力墙连梁配筋构造（门洞）

(a) 小墙垛处门洞连梁配筋示意（一）连梁端部为简支时；(b) 小墙垛处门洞连梁配筋示意（二）连梁端部为固端时；
(c) 一般门洞连梁配筋示意；(d) 双门洞连梁配筋示意

注意：当 $a \leqslant 2l_{aE}$ 时两侧连梁配筋应拉通

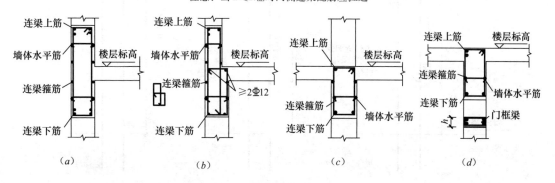

图 1-8　剪力墙连梁配筋构造（跨层、楼层）（一）

(a) 剪力墙跨层连梁配筋示意（一）；(b) 剪力墙楼层连梁配筋示意（二）；(c) 剪力墙楼层连梁配筋示意；
(d) 剪力墙楼层连梁配筋示意

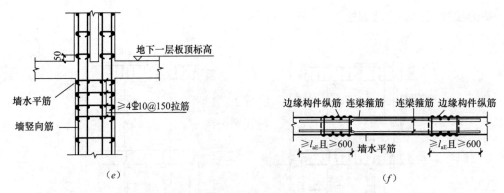

图 1-8　剪力墙连梁配筋构造（跨层、楼层）（二）

（e）地上有伸缩缝处墙局部构造；（f）连梁纵筋与边缘构件钢筋细部关系

1.3.2　剪力墙边缘构件纵筋连接构造

剪力墙边缘构件纵筋连接构造如图 1-9 所示。

（1）本图用于边缘构件阴影范围内的纵筋构造。

（2）底部构造加强部位为底部加强部位及相邻上一层。

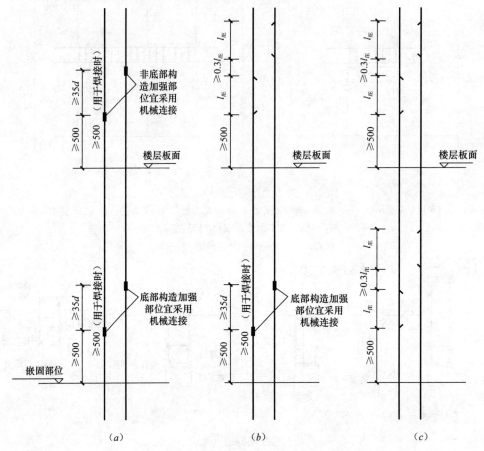

图 1-9　剪力墙边缘构件纵筋连接构造（一）

（a）一、二级抗震等级；（b）三级抗震等级；（c）四级抗震等级

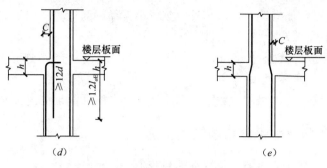

图 1-9　剪力墙边缘构件纵筋连接构造（二）

（d）墙变截面处边缘构件纵筋构造（$C/h>1/6$）；（e）墙变截面处边缘构件纵筋构造（$C/h\leqslant 1/6$）

（3）边缘构件纵向钢筋连接接头的位置应错开，同一连接区段内钢筋接头不宜超过全截面钢筋总面积的 50%。

（4）当受拉钢筋的直径大于 25mm 时，不宜采用绑扎搭接接头。

1.3.3　剪力墙竖向及水平分布筋连接构造

剪力墙竖向及水平分布筋连接构造如图 1-10 所示。

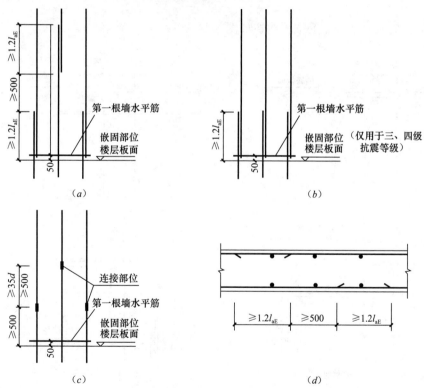

图 1-10　剪力墙竖向及水平分布筋连接构造

（a）剪力墙竖向墙体分布筋连接构造（一）（搭接连接）一、二级抗震等级的底部加强部位光面钢筋应加弯钩宜垂直于墙面；（b）剪力墙竖向墙体分布筋连接构造（二）（搭接连接）一、二级抗震等级的非底部加强部位，三、四级抗震等级，光面钢筋应加弯钩且宜垂直于墙面；（c）剪力墙竖向墙体分布筋连接构造（三）（机械连接或焊接）；（d）墙体水平分布筋搭接示意沿高度每一根错开搭接

（1）当不同直径钢筋搭接时，搭接长度按较小直径钢筋计算；当不同直径钢筋机械连接时，钢筋错开间距按较小直径钢筋计算。

（2）当相邻钢筋连接要求错开时，同一连接区段内，钢筋连接接头面积不大于50%。

（3）剪力墙竖筋在基础锚固，除定位钢筋外，其余钢筋满足锚固长度即可。

1.3.4　剪力墙竖向及水平分布筋锚固构造

剪力墙水平分布钢筋的锚固，应符合下列要求。

（1）剪力墙水平分布钢筋应伸至墙端，并向内水平弯折 $10d$ 后截断。其中，d 为水平分布钢筋的直径。

（2）当剪力墙端部有翼墙或转角墙时，内墙两侧的水平分布钢筋和外墙内侧的水平分布钢筋，应伸至翼墙或转角墙外边，并分别向两侧水平弯折 $15d$ 后截断。

在转角墙处，外墙外侧的水平分布钢筋应在墙端端角处弯入翼墙，并与翼墙外侧水平分布钢筋搭接，搭接长度应不小于 $1.2l_{aE}$。

（3）带边框的剪力墙，其水平和竖向分布钢筋宜分别贯穿柱、梁，或锚固在柱、梁内。

剪力墙竖向及水平分布筋锚固构造如图 1-11 所示。

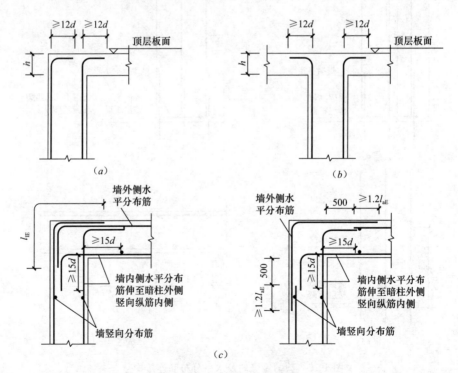

图 1-11　剪力墙竖向及水平分布筋锚固构造（一）

（a）墙竖向分布筋在墙顶构造（单侧有板）；（b）墙竖向分布筋在墙顶构造（双侧有板）；

（c）转角墙节点水平筋锚固

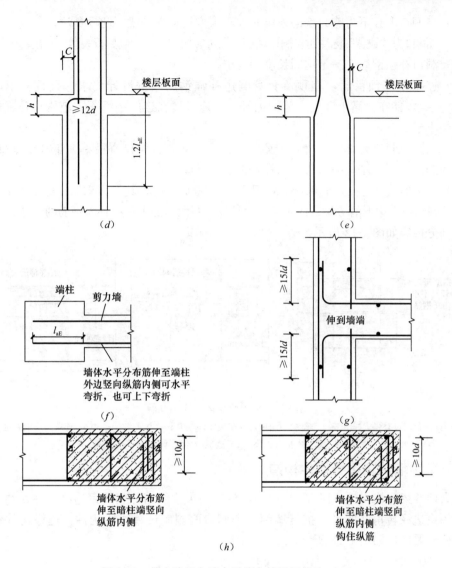

图 1-11　剪力墙竖向及水平分布筋锚固构造（二）

（*d*）墙变截面处墙竖向分布筋构造（*C*/*h*＞1/6）；（*e*）墙变截面处墙竖向分布筋构造（*C*/*h*≤1/6）；（*f*）有端柱墙水平筋锚固；（*g*）有翼墙节点墙水平筋锚固；（*h*）暗柱节点墙水平筋锚固

1.3.5　剪力墙墙体及连梁开洞构造

（1）当矩形洞口的洞宽、洞高均≤800mm 时，此项注写为洞口每边补强钢筋的具体数值，如果按标准构造详图设置补强钢筋时可不注，施工图未注明时，洞口每边加 2Φ12，且不小于同向被切断钢筋面积的 50%。当洞宽、洞高方向补强钢筋不一致时，分别注写洞宽方向、洞高方向补强钢筋，以"（洞宽方向）/（洞高方向）"分隔。

（2）当矩形或圆形洞口的洞宽或直径≥800mm 时，在洞口上、下需设置补强暗梁，此项注写为洞口上、下每边暗梁的纵筋与箍筋的具体数值，在标准构造详图中高度 400mm 为"缺省"标注（纵筋间的间距），当设计者采用与标准构造详图不同的做法时，应另行注明，圆形洞口尚需注明环向加强钢筋的具体数值。

（3）当洞口上、下为剪力墙的连梁时，不再增设补强暗梁，此项免注。

（4）当洞口为"缺省"标注时，洞口两侧竖向边缘构件，设计应另行表达，给出具体的做法。

（5）洞口补强钢筋应满足锚固长度的规定。

（6）连梁中部预留洞，宜预留套管洞边补强钢筋应按设计要求，且直径不应小于12mm，连梁不能在梁高1/3上下范围内开洞，应设置在连梁中部1/3范围，补强的钢筋锚固不能小于l_{aE}。

（7）当圆形洞口设置在墙身或暗梁、边框梁位置，且洞口直径不大于300mm时，此项注写为洞口上下、左右每边布置的补强钢筋的具体数值。

（8）当圆形洞口直径大于300mm，但不大于800mm时，其加强钢筋在标准构造详图中系按照外圆切正六边形的边长方向布置，设计仅注写六边形中一边补强钢筋的具体数值。

该部分内容如图1-12所示。

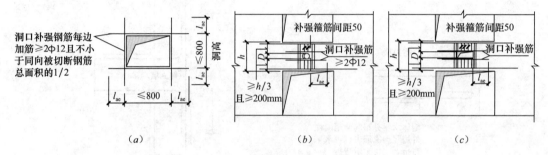

图1-12 剪力墙墙体及连梁开洞

（a）墙体预留洞口补强大样（一）非连续小洞口，且在整体计算中不考虑其影响时；（b）连梁上穿洞补强示意圆洞直径 $D \leqslant h/3$ 加钢套管；（c）连梁上穿洞补强示意洞口为矩形

1.3.6 剪力墙约束边缘构件构造

剪力墙约束边缘构件（以Y字开头），包括约束边缘暗柱、约束边缘端柱、约束边缘翼墙、约束边缘转角墙四种。抗震墙两端和洞口两侧应设置边缘构件，边缘构件包括暗柱、端柱和翼墙，如图1-13所示。

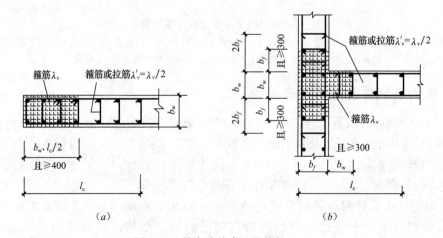

图1-13 剪力墙约束边缘构件（一）

（a）暗柱；（b）有翼墙

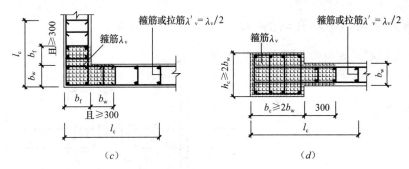

图 1-13 剪力墙约束边缘构件（二）

（c）转角墙（L形墙）；（d）有端柱

（1）约束边缘构件的设置

《建筑抗震设计规范》（GB 50011—2010）第 6.4.5 条：底层墙肢底截面的轴压比大于表 1-29 规定的一、二、三级抗震墙，以及部分框支抗震墙结构的抗震墙，应在底部加强部位及相邻上一层设置约束边缘构件。

抗震墙设置构造边缘构件的最大轴压比   表 1-29

抗震等级或烈度	一级（9度）	一级（7、8度）	二、三级
轴压比	0.1	0.2	0.3

《建筑抗震设计规范》（GB 50011—2010）第 6.1.14 条：地下室顶板作为上部结构的嵌固部位时，地下一层抗震墙墙肢端部边缘构件纵向钢筋的截面面积，不应少于地上一层对应墙肢端部边缘构件纵向钢筋的截面积。

（2）约束边缘构件的纵向钢筋，配置在阴影范围内；图 1-13 中 l_c 为约束边缘构件沿墙肢长度，与抗震等级、墙肢长度、构件截面形状有关。

1）不应小于墙厚和 400mm。

2）有翼墙和端柱时，不应小于翼墙厚度或端柱沿墙肢方向截面高度加 300mm。

剪力墙平面布置图中应注明约束边缘构件沿墙肢长度 l_c，当约束边缘翼墙中沿墙肢长度尺寸为 $2b_f$ 时可不注。

（3）《建筑抗震设计规范》GB 50011—2010 第 6.4.5 条：抗震墙的翼墙长度小于其 3 倍厚度或端柱截面边长小于 2 倍墙厚时，按无翼墙、无端柱考虑。

（4）沿墙肢长度 l_c 范围内箍筋或拉筋由设计文件注明，其沿竖向间距：

1）一级抗震（8、9度）为 100mm。

2）二、三级抗震为 150mm。

约束边缘构件墙柱的扩展部位是与剪力墙身的共有部分，该部位的水平筋是剪力墙的水平分布筋，竖向分布筋的强度等级和直径按剪力墙身的竖向分布筋，但其间距小于竖向分布筋的间距，具体间距值相应于墙柱扩展部位设置的拉筋间距。设计不注写明，具体构造要求见平法详图构造。

（5）墙上生根剪力墙约束边缘构件的纵向钢筋，应伸入下部墙体内锚固 $1.2l_{aE}$，如图 1-14 所示。

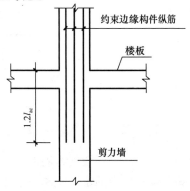

图 1-14 剪力墙上起约束边缘构件纵筋构造

1.3.7 剪力墙洞口不对齐时的构造

剪力墙洞口不对齐的构造措施如图 1-15 所示。

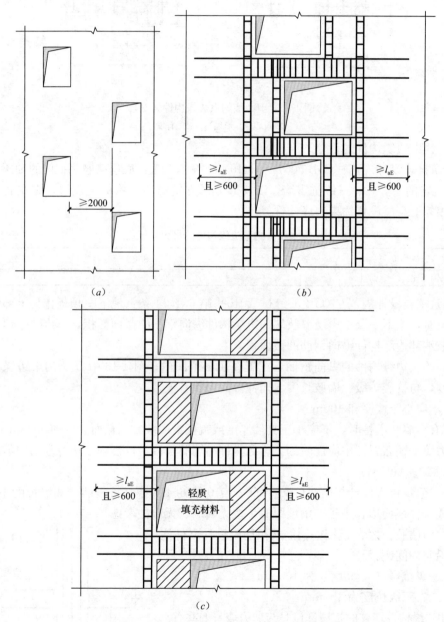

图 1-15　剪力墙洞口不对齐的构造措施

（a）一般错洞墙；（b）叠合错洞构造（一）；（c）叠合错洞构造（二）

一、二、三级剪力墙的底部加强部位不宜采用错洞布置，如无法避免错洞墙，应控制错洞墙洞口间的水平距离不小于 2m，并在设计时进行仔细计算分析，在洞口周边采取有效构造措施。此外，一、二、三级抗震设计的剪力墙全高都不宜采用叠合错洞墙，当无法避免叠合错洞布置时，应按有限元方法仔细计算分析，并在洞口周边采取加强措施，或在洞口不规则部位采用其他轻质材料填充，将叠合洞口转化为规则洞口。

1.3.8　剪力墙洞间墙肢配筋构造

剪力墙洞间墙肢配筋构造如图 1-16 所示。

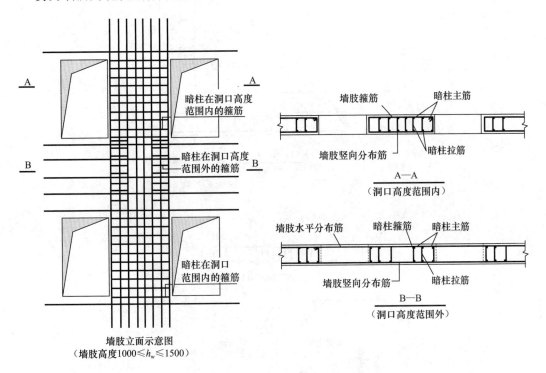

图 1-16　剪力墙洞间墙肢配筋构造

（1）当墙肢较短时，可参照本图构造。

（2）洞口高度范围内墙肢水平分布筋与墙端暗柱箍筋合并为大箍筋及拉筋，其配筋总量不小于墙水平筋及暗柱箍筋的较大值，间距取暗柱箍筋及墙水平筋间距的较小值。

（3）洞口范围外墙水平分布筋与墙端暗柱箍筋分别设置，保证暗柱箍筋连续。

1.3.9　剪力墙结构转角窗处构造

剪力墙结构转角窗处构造如图 1-17 所示。

（1）角窗墙肢厚度不应小于 200mm。

（2）角窗两侧墙肢长度 h_w，当为独立一字形墙肢时，除强度要求外尚应满足 8 倍墙厚及角窗悬挑长度 1.5 倍的较大值。

（3）角窗折梁应加强，并按抗扭构造配置箍筋及腰筋。

（4）角窗折梁上下主筋锚入墙内应大于或等于 $1.5l_{aE}$，顶层时折梁上铁端部另加 $5d$ 向下的直钩。

（5）角窗两侧应沿全高设置与本工程抗震等级相同的约束边缘构件，暗柱长度不宜小于 3 倍墙厚且不小于 600mm。

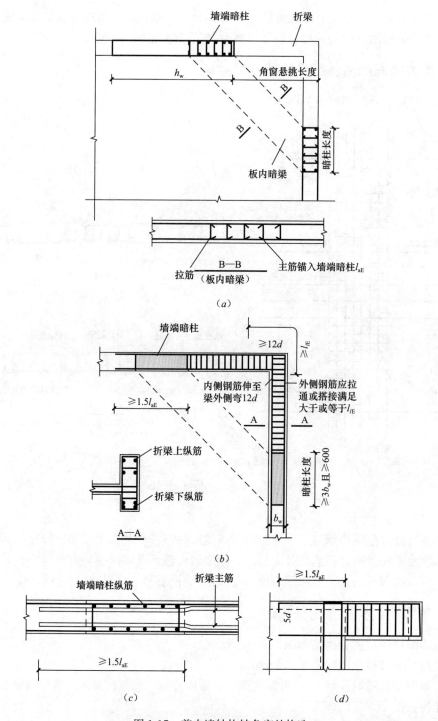

图 1-17　剪力墙结构转角窗处构造

（a）剪力墙角窗处构造做法；（b）角窗折梁配筋构造；

（c）折梁纵筋与暗柱钢筋细部关系；（d）折梁顶层时纵筋纵剖面

　　（6）转角窗房间的楼板宜适当加厚，应采用双向双层配筋，板内宜设置连接两侧墙端暗柱的暗梁，暗梁纵筋锚入墙内 l_{aE}。

1.4　框架-剪力墙结构抗震构造与应用

1.4.1　框架-剪力墙结构一般构造

（1）框架-剪力墙结构中，其框架部分柱构造可低于"框架结构柱"的要求，剪力墙洞边的暗柱应符合剪力墙结构对应边缘构件（约束边缘构件或构造边缘构件）的要求。

（2）剪力墙的厚度要求见表 1-30。

剪力墙截面最小厚度　　　　表 1-30

结构类型	部位		最小厚度（取较大值）/mm	
			一、二级	三、四级
剪力墙结构	底部加强	有端柱或翼墙	应≥200、宜≥H'/16	应≥160、宜≥H'/200
		无端柱或翼墙	应≥220（200）、宜≥H'/12	应≥180（160）、宜≥H'/16
	一半部位	有端住或翼墙	应≥160、宜≥H'/20	应≥160（140）、宜≥H'/25
		无端柱或翼墙	应≥180（160）、宜≥H'/16	应≥160、宜≥H'/20
框架-剪力墙结构	底部加强部位		应≥200、宜≥H'/16	
	一般部位		应≥160、宜≥H'/20	
框架-核心筒结构 筒中筒结构	筒体外墙	底部加强部位	应≥200、宜≥H'/16	
		一般部位	应≥200、宜≥H'/20	
	筒体内墙		应≥260	
错层结构			应≥250	

注：1. H' 为一层高或剪力墙无支长度的较小值（无支长度是指剪力墙平面外支撑墙之间的长度，如图 1-18 所示）。

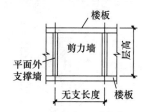

图 1-18　剪力墙无支长度示意

2. 筒体底部加强部位及其上一层，当侧向刚度无突变时不宜改变墙体厚度。

3. 括号内数字用于建筑高度小于或等于 24m 的多层结构。

4. 除满足表 1-30 要求外，还应按下式验算：

$$b_{\text{w}} \geq 3.16 l_0 \sqrt{\frac{R f_{\text{c}}}{E_{\text{c}}}}$$

式中　b_{w}——墙厚（mm）；

E_c——混凝土弹性模量（N/mm²）

l_0——剪力墙墙肢计算长度（mm）（按《高层建筑混凝土结构技术规程》JGJ 3—2010 附录 D 确定）；

R——作用于墙顶组合的等效竖向均匀荷载设计值算出的墙肢轴压比（不与地震力组合）；

f_c——混凝土轴心抗压强度设计值（N/mm²）。

（3）有端柱时，与剪力墙重合的框架梁可以保留，亦可做成宽度与墙厚相同的暗梁，暗梁的截面高度可取墙厚的 2 倍，或与该榀框架梁截面等高，暗梁的配筋可按构造配置且应符合一般框架梁相应抗震等级的最小配筋要求；端柱截面宜与同层框架柱相同，并应满足有关规范对框架柱的要求；剪力墙底部加强部位的端柱和紧靠剪力墙洞口的端柱宜按柱箍筋加密区的要求沿全高加密箍筋。

（4）剪力墙的竖向和横向分布钢筋，配筋率见表 1-31，钢筋直径不宜小于 10mm，间距不宜大于 300mm，并应至少双排布置，各排分布钢筋间应设置拉筋，拉筋直径不应小于 6mm，间距不应大于 600mm。

剪力墙竖向及横向分布钢筋的最小配筋率（％） 表 1-31

一级、二级、三级	四级	部分框支剪力墙结构的落地剪力墙底部加强部位
0.25	0.2	0.3

（5）剪力墙的水平钢筋应全部锚入边框柱内，锚固长度不应小于 l_{aE}。

（6）楼面梁与剪力墙平面外连接时，不宜支承在洞口连梁上；沿梁轴线方向宜设置与梁连接的剪力墙，梁的纵筋应锚固在墙内；也可在支承梁的位置设置扶壁柱或暗柱，并应按计算确定其截面尺寸和配筋。

框架-剪力墙结构中剪力墙端柱的构造示意图如图 1-19 所示。

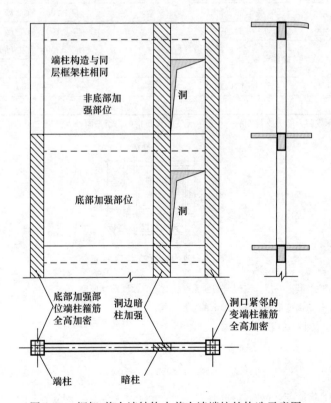

图 1-19　框架-剪力墙结构中剪力墙端柱的构造示意图

1.4.2　楼面梁与剪力墙平面外相交连接做法

当剪力墙或核心筒墙肢与其平面外的楼面梁采用刚性连接时，可沿楼面梁轴线方向设置与梁相连的剪力墙、扶壁柱或在墙内设置暗柱，并应符合下列规定：

（1）设置沿楼面梁轴线方向与梁相连的剪力墙时，墙的厚度不宜小于梁的截面宽度。

（2）设置扶壁柱时，扶壁柱宽度不应小于梁宽，宜比梁每边宽出 50mm，扶壁柱的截面高度应计入墙厚。

（3）墙内设暗柱时，暗柱截面高度可取墙的厚度，暗柱的截面宽度可取梁宽加 2 倍墙厚；不宜大于墙厚的 4 倍。

（4）楼面梁的水平钢筋应伸入剪力墙或扶壁柱，伸入长度应符合钢筋锚固要求，钢筋锚固段的水平投影长度，不宜小于 $0.4l_{abE}$；当锚固段水平投影长度不能满足要求时，可将楼面梁伸出墙面形成梁头，梁的纵筋伸入梁头后弯折锚固，也可采取其他可靠的锚固措施。

（5）暗柱或扶壁柱应设置箍筋，箍筋直径间距应符合表 1-32 的规定。

暗柱或扶壁柱箍筋要求　　　　　　　　　　　　　　　　表 1-32

抗震等级	一、二、三级	四级
箍筋直径/mm	不应小于 8	不应小于 6
箍筋间距/mm	不应大于 150	不应大于 200

注：箍筋直径均不应小于纵向钢筋直径的 1/4。

（6）应通过计算确定暗柱或扶壁柱的竖向钢筋（或型钢），竖向钢筋的总配筋率不宜小于表 1-33 的限值。

暗柱或扶壁柱纵向钢筋最小配筋率（％）　　　　　　　　表 1-33

抗震等级	一级	二级	三级	四级
配筋率	0.9	0.7	0.6	0.5

注：采用 400MPa、335MPa 级钢筋时，表中数值宜分别增加 0.05 和 0.10。

楼面梁与剪力墙水平外接加扶壁柱做法如图 1-20 所示，混凝土墙支承楼面梁处暗设柱做法如图 1-21 所示，楼面梁伸出墙面形成梁头做法如图 1-22 所示。

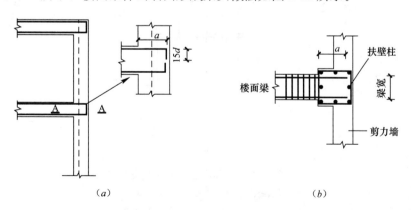

（a）　　　　　　　　　　　　　　　（b）

图 1-20　楼面梁与剪力墙水平外接加扶壁柱做法

（a）做法示意图；（b）A—A 示意图

a—楼面梁纵筋锚固水平投影长度，$a \geqslant 0.4l_{abE}$ 并弯折 $15d$

注：扶壁柱箍筋应符合柱箍筋的要求，扶壁柱的抗震等级应与剪力墙或核心筒的抗震等级相同。

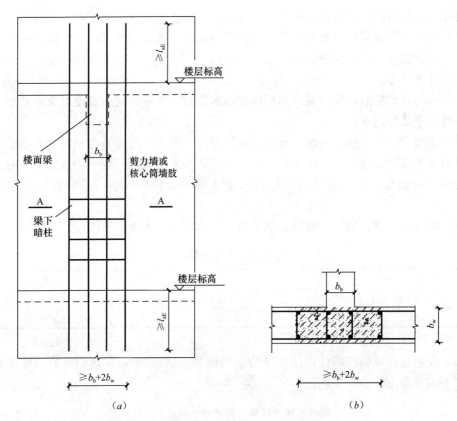

图 1-21　混凝土墙支承楼面梁处暗设柱做法

（a）做法示意图；（b）A—A 示意图

注：暗柱箍筋加密区的范围及其构造应符合相同抗震等级柱的要求，抗震等级应与剪力墙或核心筒的抗震等级相同。

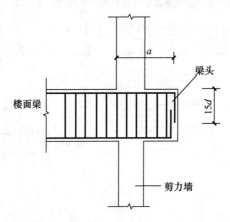

图 1-22　楼面梁伸出墙面形成梁头做法

a—楼面梁纵筋锚固水平投影长度，$a \geqslant 0.4 l_{abE}$

1.4.3　剪力墙连梁内配置斜筋的构造

（1）对于一、二级抗震等级的框架-剪力墙结构及筒体结构中的连梁，当跨高比不大于 2.5 时除配置箍筋外宜另配斜向交叉钢筋（标注：LL（JX））。

1）当连梁的宽度不小于 250mm 时，可采用斜筋交叉配置，如图 1-23 所示。

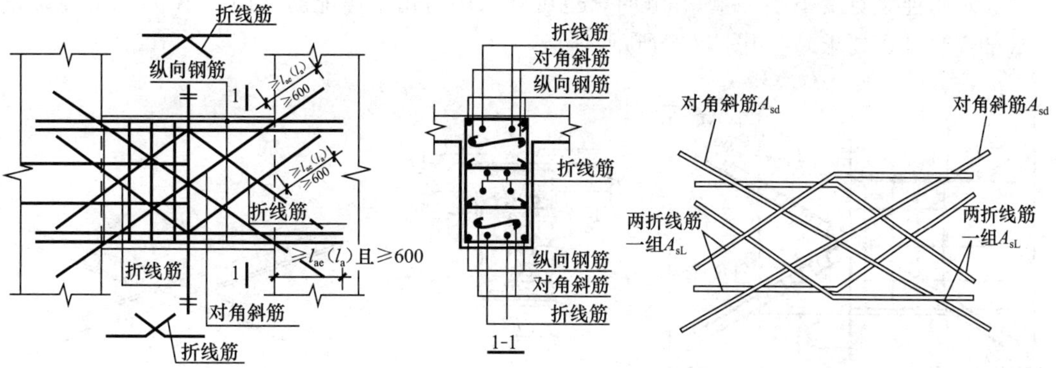

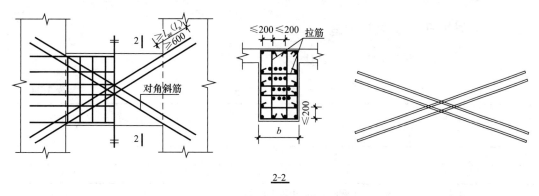

图 1-23　连梁交叉斜筋配筋构造

2）交叉斜筋连梁中，单向对角斜筋不宜少于 2Φ12，单组折线筋直径不宜小于 12mm。

3）交叉斜筋连梁中，对角斜筋在梁端部应设置不少于 3 根拉筋，拉筋间距不应大于连梁宽度和 200mm 较小值，直径不宜小于 6mm。

4）交叉斜筋伸入墙内的锚固长度不应小于 l_{aE}（l_a），且不应小于 600mm。

5）交叉斜筋连梁的水平钢筋及箍筋形成的钢筋网之间应采用拉筋拉结，直径不宜小于 6mm，间距不宜大于 400mm。

连梁交叉斜筋配筋平法注写：代号为 LL（JX）××，注写连梁一侧对角斜筋的配筋值，并标注×2 表明对称设置；注写对角斜筋在连梁端部设置的拉筋根数、规格及直径，并标注×4 表示四个角都设置；注写连梁一侧折线筋值，并标×2 表明对称设置。注意：此类钢筋的平直段长度和斜向长度的起止点，斜向锚入支座是斜向长，不是水平投影长。

（2）当连梁宽度不小于 400mm 时，可采用集中对角斜筋配筋；[标注：LL（DX）]，如图 1-24 所示。

图 1-24　连梁集中对角斜筋配筋构造

集中对角斜筋连梁中，每组对角斜筋应至少由 4 根直径不小于 14mm 的钢筋组成。

集中对角斜筋配筋应在梁截面内沿水平方向及竖直方向设置双向拉筋，拉筋应钩住纵向外侧钢筋，间距不大于 200mm，直径不应小于 8mm。

连梁集中对角斜筋配筋构造平法注写：代号为 LL（DX）××，注写一条对角线上的对角斜筋，并标注×2表明对称设置。

（3）当连梁宽度不小于400mm时，也可以采用对角暗撑配筋（LL（JC））（此条取消了端部箍筋加密要求），如图1-25所示。

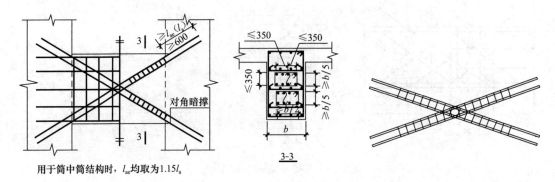

用于筒中筒结构时，l_{ae}均取为$1.15l_a$

图1-25　连梁对角暗撑配筋构造

对角暗撑连梁中，每组对角斜筋应至少由4根直径不小于14mm的钢筋组成。

对角暗撑连梁的水平钢筋及箍筋形成的钢筋网之间应采用拉筋拉结，直径不宜小于6mm，间距不宜大于400mm。

对角暗撑配筋连梁中暗撑箍筋的外缘沿梁截面宽度方向不宜小梁宽的一半，另一方向不宜小于梁宽的1/5；对角暗撑约束箍筋肢距不应大于350mm。

连梁对角暗撑配筋构造平法注写：代号为LL（JC）××，注写暗撑的截面尺寸（箍筋外皮尺寸）；注写一根暗撑的全部纵筋，并标注××表明两根暗撑相互交叉；注写暗撑箍筋的具体数值。

1.5　板柱-剪力墙结构抗震构造与应用

1.5.1　无梁板开洞要求及构造

（1）无梁板开洞宜满足表1-34的要求。

无梁板开洞要求　　　　　　　　　　　　　　　　表1-34

洞编号　　　　　　洞边长	1	2	3
a	$\leq A_1/8$ 且 ≤ 300	$\leq A_2/4$	$\leq A_2/2$
b	$\leq B_1/8$ 且 ≤ 300	$\leq B_1/4$	$\leq B_2/2$

注：1. A_1 和 B_1 为柱上板带宽度，A_2 和 B_2 为跨中板带宽度。

　　2. 洞编号对应图1-26中洞的编号。

（2）因开洞所切断的钢筋不应大于任何一个板带内钢筋的1/4，同时在开洞的每边应加上不小于同方向切断钢筋量的1/2。

（3）在柱上板带相交区域内，该区域的1/2×1/2区格内应尽量不开洞（即图1-26中的阴影范围），其余部分不宜开洞，如开洞，其尺寸不应大于任一跨内柱上板带宽度的1/8，且不大于 300mm，在开洞的每边应加上不小于同方向切断钢筋量 1/2 的钢筋。

（4）暗梁范围不应开洞。

（5）楼板允许局部开洞口，但应验算满足承载力及刚度要求。当未作专门分析时，在板的不同部位开单个洞的大小应符合图 1-26 的有关要求。若在同一部位开多个洞时，则在同一截面上各个洞宽之和不应大于该部位单个洞的允许宽度。所有洞边均应设置补强钢筋。

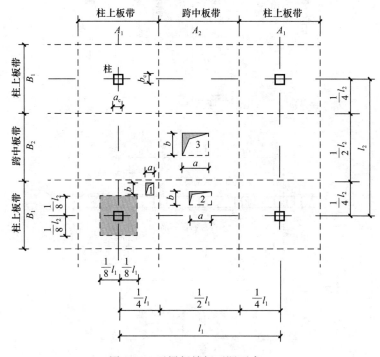

图 1-26　无梁板楼板开洞要求

（6）在板柱结构体系中，当抗震等级为一级时，除暗梁范围不应开洞外，柱上板带相交区域内尽量不开洞，一个柱上板带与一个跨中板带共有区域也不宜开较大的洞。

1.5.2　板柱-剪力墙结构暗梁配筋构造

板柱-剪力墙结构暗梁配筋构造如图 1-27 所示。

（1）柱上板带中应设构造暗梁，暗梁宽度可取柱宽加柱两侧各不大于 1.5 倍板厚。暗梁支座上部纵向钢筋应不小于柱上板带纵向钢筋截面面积的 50%（可作为柱上板带负弯矩所需钢筋的一部分，当满足相关要求时，计算弯矩配筋时 h 可包括柱托板厚度）并应全跨拉通，暗梁下部纵向钢筋不宜少于上部纵向钢筋截面面积的 1/2。

（2）暗梁至少配 4 肢箍，当计算不需要时，箍筋直径不小于 8mm，间距小于或等于 $3h/4$，箍筋肢距小于或等于 $2h$；当计算需要时，应按计算确定，且箍筋直径不小于 10mm，间距小于或等于 $h/2$，箍筋肢距小于或等于 $1.5h$。

（3）无柱帽平板时，在暗梁梁端大于或等于 $3.0h$ 范围内应设置箍筋加密区，加密区范围内箍筋间距为 $h/2$ 与 100mm 的较小值，肢距小于或等于 250mm，非加密区箍筋间距为 $3h/4$ 与 300mm 的较小值。

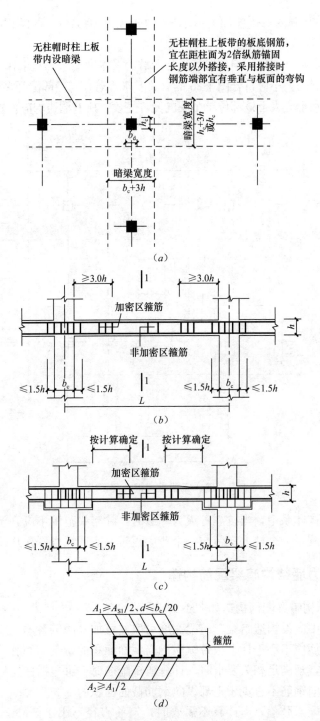

图 1-27　板柱-剪力墙结构暗梁配筋构造

a) 柱上板带暗梁构造；(*b*) 无柱帽；(*c*) 有平托板或柱帽；(*d*) 1-1 剖面图

A_{S1}—柱上板带板面钢筋，箍筋也可用拉筋代替

　　（4）设置柱托板时，托板底部钢筋除应按计算确定外，托板底部宜布置构造钢筋并应满足抗震锚固要求。暗梁箍筋加密区按计算确定。

1.6　部分框支剪力墙结构抗震构造与应用

1.6.1　在高层建筑中有转换层楼板边支座及较大洞口的构造

带有转换层的高层建筑结构体系，其框支剪力墙中的剪力在转换层处要通过楼板传递给落地剪力墙，转换层的楼板除满足承载力外还必须保证有足够的刚度，保证传力直接和可靠。并需要对其进行结构计算和采取有效的构造措施。

（1）部分框支剪力墙结构中，框支转换层楼板厚度不宜小于 180mm，并应设双层双向配筋，且每层每个方向的配筋率不宜小于 0.25%。

（2）转换层楼板的上、下层钢筋在边支座（边梁或墙体内）的锚固长度应满足 l_{aE}（l_a），不够直锚，应弯锚，如图 1-28 所示。

（3）落地剪力墙和筒体外围的楼板不宜开洞；楼板在边支座和大洞周边应设置边梁，其边梁宽度不宜小于板厚的 2 倍，如图 1-29 所示。

（4）边梁内的纵向钢筋宜采用机械连接或焊接；边梁中应配置箍筋。

（5）边梁中的全截面纵向钢筋的配筋率不应小于 1.0%；当施工图设计文件中无明确的要求时，施工也应该按《高层建筑混凝土结构技术规程》（JGJ 3—2010）第 10.2.23 条的规定构造配置。

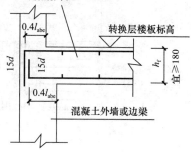

图 1-28　转换层楼板构造

（6）厚板转换板厚度按抗弯、抗剪、抗冲切截面承载力验算确定，需配置双层双向配筋，楼板中的钢筋应在边梁或钢筋混凝土墙体内可靠锚固，每个方向的配筋率不宜小于 0.60%；相邻上、下层楼板厚度不宜小于 150mm。

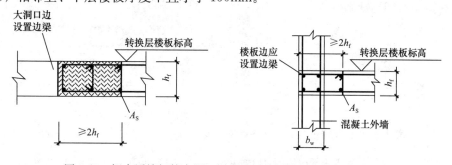

图 1-29　框支层楼板较大洞口周边和框支层楼板边缘部位设边梁

（7）厚板外周边宜配置钢筋骨架网，以提高抗剪性能。转换厚板内暗梁的抗剪箍筋面积配筋率不宜小于 0.45%。

（8）转换厚板上、下部的剪力墙、柱的纵向钢筋均应在转换厚板内可靠锚固。

1.6.2　框支梁配筋构造

框支梁配筋构造如图 1-30 所示。

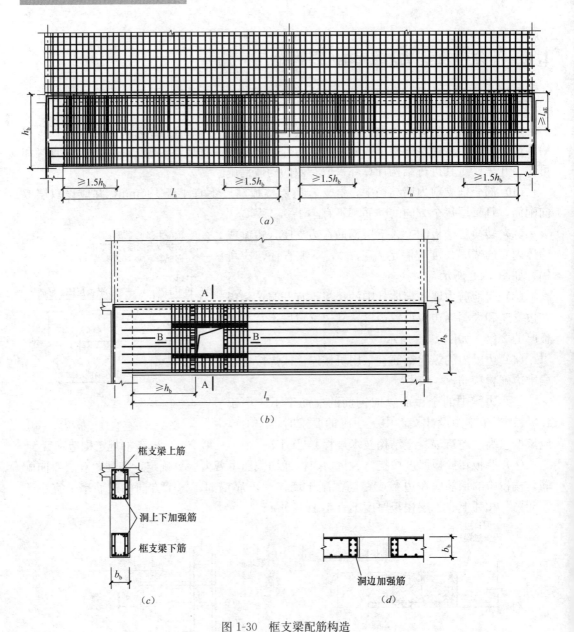

图 1-30 框支梁配筋构造

(a) 框支梁承托剪力墙构造；(b) 框支梁开洞构造；(c) A-A 剖面图；(d) B-B 剖面图

框支梁不宜开洞。若需开洞时，洞口与框支柱边不宜小于 1.0 倍框支梁梁高；被洞口削弱的截面应进行承载力计算，上下弦杆应加强纵向钢筋和抗剪箍筋的配置。

1.7 筒体结构抗震构造与应用

1.7.1 一般规定

筒体结构是指钢筋混凝土框架-核心筒结构以及筒中筒结构。筒体结构的构造主要应符合以下几点规定：

（1）筒中筒结构的高度不宜低于 80m，高宽比不宜小于 3。对于高度不超过 60m 的框架-核心筒结构，可按框架-剪力墙结构设计。

（2）当相邻层的柱不贯通时，应设置托柱转换层。转换构件的结构要求应符合相关规定。

（3）筒体结构的楼盖外角宜设置双层双向钢筋（图 1-31），单层单向配筋率不应小于 0.3%，钢筋直径不应小于 8mm，间距不应大于 150mm，配筋范围不应小于外框架（或外筒）至内筒外墙中距的 1/3 且不小于 3m。

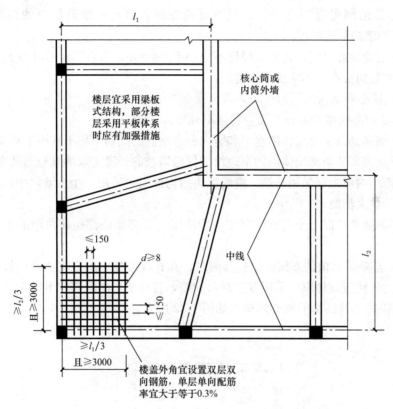

图 1-31　板角配筋构造

注：l_1、$l_2 \leqslant 12$m。

（4）筒体结构墙加强部位的高度、轴压比限值、边缘构件设置以及截面设计，应符合剪力墙结构的有关规定。框筒柱和框架柱的轴压比限值，可按框架-剪力墙结构的规定采用。

（5）核心筒或内筒的外墙不宜在水平方向连续开洞，洞间墙肢截面高度不宜小于 1.2m；当洞间墙肢截面高度与厚度之比小于 4 时，宜按框架柱进行设计。

（6）楼层主梁不宜集中支承在核心筒或内筒的转角处，也不宜支承在洞口连梁上；核心筒或内筒支承楼层梁的位置宜设扶壁柱或暗柱。

（7）跨高比不大于 2 的框筒梁及内筒连梁宜增配对角斜向钢筋。

（8）跨高比不大于 1 的框筒梁及内筒连梁宜采用交叉暗撑，梁截面宽度不宜小于 400mm，全部剪力由暗撑承担，暗撑纵筋不少于 4 根，直径不应小于 14mm。暗撑纵筋采用矩形或螺旋箍筋绑扎成一体，箍筋直径不小于 8mm，箍筋间距不应大于 150mm。

（9）框筒梁及内筒连梁配置的对角斜向钢筋及交叉暗撑，纵筋伸入竖向构件的长度不小于 $1.15l_a$。

1.7.2　框架-核心筒结构构造

（1）框架-核心筒结构除满足筒体结构的有关规定外，尚应符合下列要求：

1）核心筒宜贯通建筑物全高，其宽度不宜小于筒体总高的 1/12；当筒体结构设置角筒、剪力墙或增强结构整体刚度的构件时，核心筒的宽度可适当减小。

2）核心筒角部附近不宜开洞，当不可避免时，筒角内壁至洞口的距离不应小于 500mm 和开洞墙的截面厚度。

3）筒体墙应验算稳定，且外墙厚度不应小于 200mm，内墙厚度不应小于 160mm，筒体墙的水平和竖向分布筋不应少于 2 排。

4）框架-核心筒结构的周边柱间必须设置框架梁。

（2）框架-核心筒结构的核心筒应符合下列要求：

1）底部加强部位主要墙体的水平和竖向分布钢筋的配筋率均不宜小于 0.30%。

2）底部加强部位角部墙体的约束边缘构件沿墙肢的长度应取墙肢截面高度的 1/4，约束边缘构件范围内应主要采用箍筋。沿约束边缘构件周边采用一个大箍，中间部位采用拉筋，拉筋应钩住大箍筋。

3）底部加强部位以上全高范围宜按剪力墙结构底部加强部位转角墙的要求设置约束边缘构件。

4）当框架-双筒结构的双筒间楼板开洞时，其有效楼板宽度不宜小于楼板典型宽度的50%，洞口附近楼板应加厚，采用双层双向配筋，且每层单向配筋率不应小于 0.25%。

（3）框架-核心筒结构的核心筒构造如图 1-32 所示。

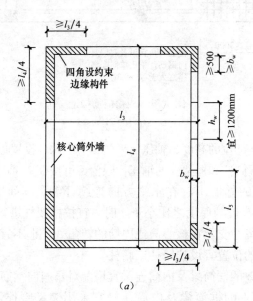

（a）

图 1-32　框架-核心筒结构的核心筒构造（一）

（a）核心筒底部加强部位角部设约束边缘构件

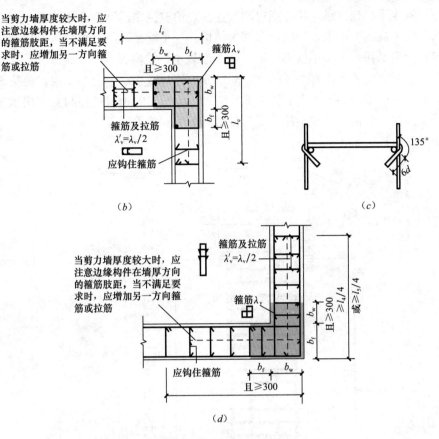

图 1-32　框架-核心筒结构的核心筒构造（二）

（b）非底部加强部位核心筒四角约束边缘构件；（c）拉筋钩住纵向钢筋及箍筋；

（d）底部加强部位核心筒四角约束边缘构件

注：l_5 为核心筒角部墙肢截面的高度。

1.8　钢筋混凝土房屋抗震构造实例

1.8.1　某高层酒店构造实例

　　某高层酒店主楼为 Y 形塔式建筑，采用现浇钢筋混凝土巨型框架结构体系，结构层数共 38 层（含一层地下室、四层裙楼以及旋转餐厅），总高度由地面起计为 114.10m，标准层层高 2.9m，结构承重层（兼作设备层）层高 1.8m，主体高度为 96.5m。设计按七度抗震、Ⅱ类场地进行动力分析。

　　在竖向结构方面，利用中部的电梯井、楼梯间以及竖向管道井，布置较多互相连接的钢筋混凝土墙，组成一个三角形的中央筒体，然后利用 3 个翼端的梯间和竖向管道井分别在各翼端布置 2 个基本闭合的筒体，中央筒和 6 个翼端筒共同构成整幢高层建筑的竖向承重结构。在平面方面，采用多个结构承重层的形式，即从第 4 层开始，每隔六层设置一个结构承重层，该层在每翼并排 4 根承重大梁，跨度为 16.5m，截面为 800mm×2000mm 和 1000mm×2000mm，大梁上、下用楼板和加劲肋联系，形成近似箱形结构。上述的竖向结构（群筒）和水平结构（承重层）通过刚性连接，组成主楼的巨型框架结构。

大构架每个翼的两个承重层间，采用次结构——小框架，将之再分成 6 层，小框架由其下的承重大梁承托，由于小框架的梁、柱截面较小，层高仅为 2.9m 即可，且其中间柱只做 5 层，使第 6 层成为占有全翼的大空间，或中柱只做 4 层，上吊一层，使第 5 层形成大空间。为使小框架与承重大梁的受力关系明确，小框架的顶层柱顶与其上层承重大梁采用垂直滑动连接，以保证小框架的重量只传给其下面的承重层。

如图 1-33～图 1-38 所示。

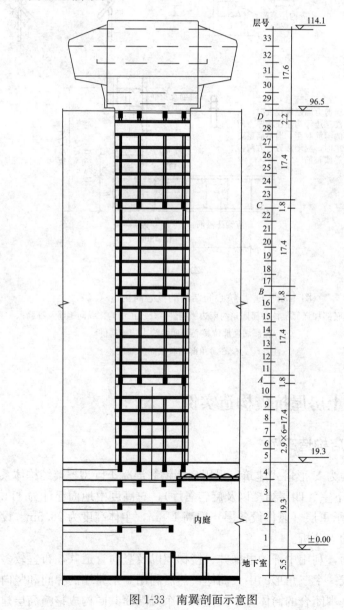

图 1-33　南翼剖面示意图

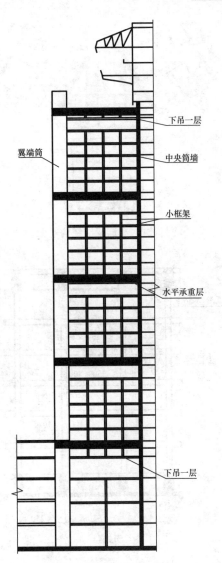

图 1-34　西翼剖面示意图

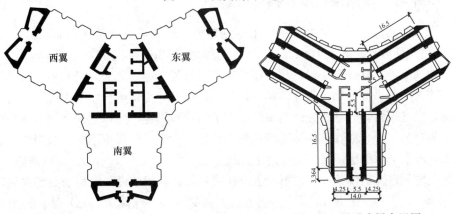

图 1-35　筒体平面布置图　　　　　图 1-36　承重大梁布置图

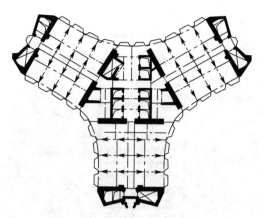

图 1-37 小框架层结构平面

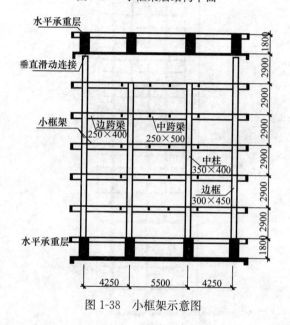

图 1-38 小框架示意图

1.8.2 某中心大厦副楼构造实例

某中心大厦副楼平面为 20m×40m 的规则矩形，地面以下两层（局部 3 层），地面以上 20 层，由地面起计总高度为 92.6m，主体高度为 73.8m。按七度抗震设防。

由于地铁隧道从其底下通过，故整幢建筑必须跨越在地铁之上，只有地铁隧道范围以外的两侧才可建造高楼基础。为此，建筑布局与结构设计密切配合，采用现浇混凝土巨型框架结构，沿隧道两侧分别布置两列钢筋混凝土的墙筒作为巨型框架的竖向承重构件，两列墙筒的间距为 21m，而在远离隧道的建筑物外侧才按常规设置矩形柱。两列墙筒之间沿竖向设了 3 道水平承重层，第一道在地下二层楼面（标高为-7.20m）、地铁隧道的上空，以支承其上地下室及裙楼共 8 层；第二道设在第 7 层，利用该设备整层的高度（楼层面标高为 32.20m），支承其上共 13 层；第三道在主体的屋面（标高 73.8m）处。每个水平承重层并列布置 3 根相互平行走向、净跨为 21.0m 的大梁，间距为 8.0m，其上立三跨次框架结构，第一道水平承重层为 1.20m×3.00mT 形截面梁，第二道为 1.2m×3.8m 截面、上下均与楼板连成整体的箱形结构。承重大梁均采用部分预应力。墙筒的壁厚由底部600mm缩变至顶部300mm，混凝土强度等级由C40至顶部为C30。

如图1-39～图1-42所示。

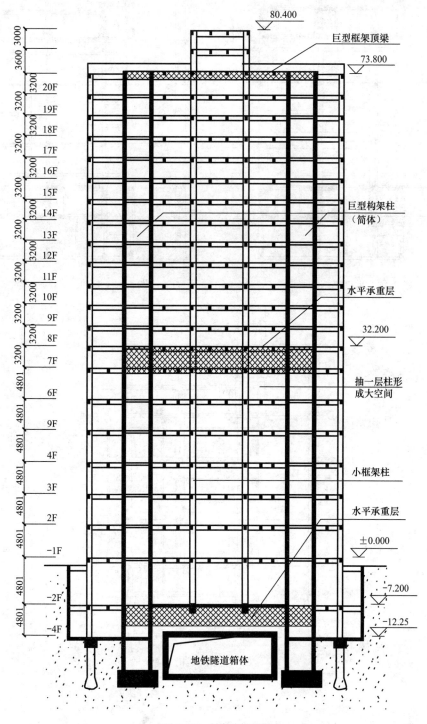

图 1-39　结构剖面图

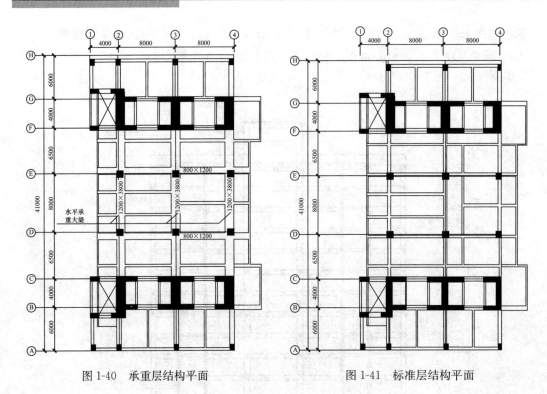

图 1-40　承重层结构平面　　　　　　　　图 1-41　标准层结构平面

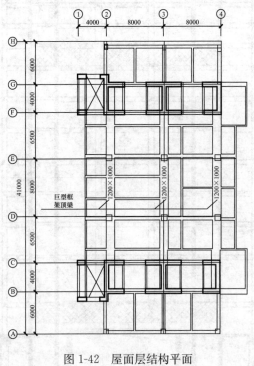

图 1-42　屋面层结构平面

2 多层砌体房屋和底部框架砌体房屋抗震构造

2.1 一般规定

2.1.1 多层砌体房屋的结构

1. 多层砌体房屋的结构类型

（1）一般多层砌体房屋　一般多层砌体房屋，全部竖向承重结构均为砌体，如图 2-1*a* 所示，一般住宅、办公楼、医院等房屋多属这类结构。

（2）底层框架-抗震墙多层砌体房屋　底层框架-抗震墙多层砌体房屋，底层为钢筋混凝土框架承重、上部各层为砌体承重的房屋，如图 2-1*b* 所示，其特点是底层可用作商店、车库，上部可用作住宅或办公楼。

（3）多排柱内框架多层砌体房屋　多排柱内框架多层砌体房屋，内部为钢筋混凝土梁柱承重而外围为砖墙承重的房屋（图 2-1*c*），常见于仓库、轻工业厂房等。

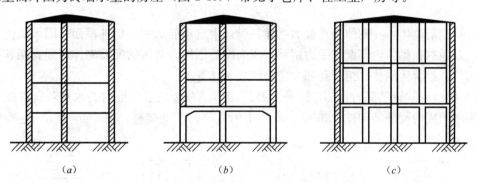

（*a*）　　　　　　　　　　（*b*）　　　　　　　　　　（*c*）

图 2-1　多层砌体房屋的结构形式

（*a*）一般多层砌体房屋；（*b*）底层框架-抗震墙多层砌体房屋；（*c*）多排柱内框架多层砌体房屋

一般来讲，多层砌体结构房屋的抗震性能较差。但砌体结构具有取材容易、构造简单、施工方便、造价低廉等优点，只要设计、施工得当，仍能满足抗震设防要求。因此，目前仍是我国应用最广泛的结构形式之一。

2. 砌体的种类

（1）无筋砌体　在我国无筋砌体通常包括砖砌体、砌块砌体和石材砌体。

1）砖砌体。在房屋建筑中，砖砌体被广泛用于条形基础、承重墙、柱、维护墙及隔墙。绝大多数情况下，砖砌体采用的实心截面，抗震性能和整体性较差的空斗墙已在永久性建筑中很少使用。

图 2-2*a* 所示为一顺一丁组砌方式砌筑的砖墙；图 2-2*b* 为梅花丁组砌方式砌筑的砖墙；图 2-2*c* 所示为三顺一丁组砌方式砌筑的砖墙。

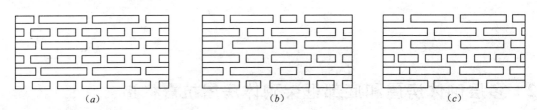

图 2-2　实心砖砌体组砌方式

(*a*) 一顺一丁组砌；(*b*) 梅花丁组砌；(*c*) 三顺一丁组砌

2) 砌块砌体。砌块一般多用于定型设计的民用建筑以及工业厂房的墙体中。目前我国使用最多的是混凝土小型空心砌块砌体，以及其他硅酸盐砌块，在工业与民用建筑的围护墙中使用较广，在房屋结构中一般不用它砌筑承重墙体。

3) 石材砌体。石材砌体是由石材和砂浆砌筑而成的整体。其中料石砌体可作为一般民用建筑的承重墙、柱和基础，毛石砌体因块体只有一个面平整，可用于挡土墙、基础等。

石材砌体的类型如图 2-3 所示。

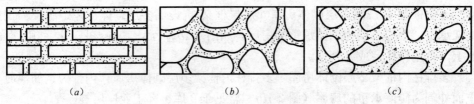

图 2-3　石材砌体

(2) 配筋砌体　在砌体构件截面受建筑设计限定不能加大，构件截面有限承载力不足时，可以通过在砌体内部配置受力钢筋，成为配筋砌体。常用的配筋砌体有配置网状钢筋的砖砌体、组合砖砌体、组合砖墙和配筋砌块砌体等。

1) 配置网状钢筋的砖砌体。这种配筋砖砌体是在砖柱或砖墙内的水平灰缝内配置网状钢筋所形成的配筋砖砌体，如图 2-4*a* 所示为方格网配筋砖柱，图 2-4*b* 所示为连弯钢筋

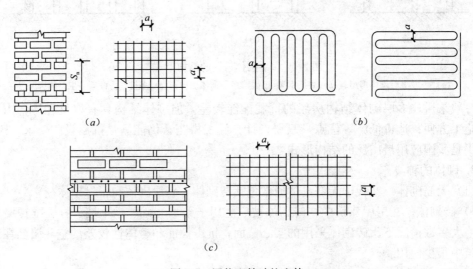

图 2-4　网状配筋砖柱砌体

(*a*) 方格网配筋砖柱；(*b*) 连弯钢筋网；(*c*) 方格网配筋砖墙

网，图 2-4c 所示为方格网配筋砖墙。

2）组合砖砌体。通常，组合砖砌体中的水平拉结筋在墙体砌筑时就配置了，墙体砌筑完成后分层设置竖向纵筋和箍筋，待墙体达到设计强度后支侧模浇筑混凝土，使墙体与后浇带形成受力整体。图 2-5 为组合砖柱的几种常用形式。

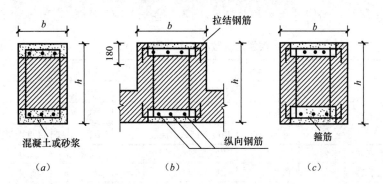

图 2-5　组合砖柱截面

（a）形式一；（b）形式二；（c）形式三

3）组合砖墙。组合砖墙是由砖砌体和钢筋混凝土构造柱组成的，如图 2-6 所示在荷载作用下，由于砖墙的刚度小于钢筋混凝土构造柱，在竖向力作用下墙体内会产生内力重分布，构造柱可以分担墙体承受的一部分竖向荷载。构造柱和圈梁整体浇筑形成弱框架，在上下和左右方向约束了砌体的变形，提高了砌体的整体稳定性和承载能力，砖砌体和构造柱组合砖墙面如图 2-7 所示。

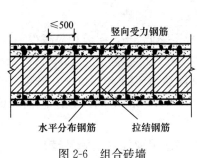

图 2-6　组合砖墙

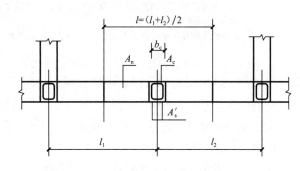

图 2-7　砖砌体和构造柱组合砖墙面

4）配筋砌块砌体。在砌块砌体的水平灰缝或灌浆孔中配置钢筋，构成配筋砌块砌体。它的原理类似于配筋砖砌体，如图 2-8 所示。

3. 多层房屋的层数和高度

国内历次地震表明，在一般场地情况下，砌体房屋层数愈多，高度愈高，它的震害程度愈严重，破坏率也就愈高。因此，国内外抗震设计规范都对砌体房屋的层数和总高度加以限制。

砌体房屋的高度限制，是十分敏感且深受

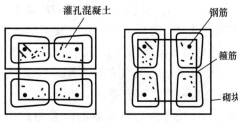

图 2-8　配筋砌块砌体上皮砌块和下皮砌块截面示意图

关注的规定。基于砌体材料的脆性性质和震害经验，限制其层数和高度是主要的抗震措施。

（1）房屋层数和高度要求

1）多层房屋的层数和高度应符合下列要求：

① 一般情况下，房屋的层数和总高度不应超过表 2-1 的规定。

房屋的层数和总高度限值（m）　　　　表 2-1

房屋类型		最小抗震墙厚度/mm	烈度和设计基本地震加速度										
			6		7				8				9	
			0.05g		0.10g		0.15g		0.20g		0.30g		0.40g	
			高度	层数	高度	层数	高度	层数	高度	层数	高度	层数	高度	层数
多层砌体房屋	普通砖	240	21	7	21	7	21	7	18	6	15	5	12	4
	多孔砖	240	21	7	21	7	18	6	18	6	15	5	9	3
	多孔砖	190	21	7	18	6	15	5	15	5	12	4	—	—
	小砌块	190	21	7	21	7	18	6	18	6	15	5	9	3
底部框架-抗震墙房屋	普通砖、多孔砖	240	22	7	22	7	19	6	16	5				
	多孔砖	190	22	7	19	6	16	5	13	4	—	—	—	—
	小砌块	190	22	7	22	7	19	6	16	5				

注：1. 房屋的总高度指室外地面到主要屋面板板顶或檐口的高度，半地下室从地下室室内地面算起，全地下室和嵌固条件好的半地下室应允许从室外地面算起；对带阁楼的坡屋面应算到山尖墙的 1/2 高度处。

　　2. 室内外高差大于 0.6m 时，房屋总高度应允许比表中的数据适当增加，但增加量应少于 1.0m。

　　3. 乙类的多层砌体房屋仍按本地区设防烈度查表，其层数应减少一层且总高度应降低 3m；不应采用底部框架-抗震墙砌体房屋。

　　4. 本表小砌块砌体房屋不包括配筋混凝土小型空心砌块砌体房屋。

② 横墙较少的多层砌体房屋，总高度应比表 2-1 的规定降低 3m，层数相应减少一层；各层横墙很少的多层砌体房屋，还应再减少一层。

横墙较少是指同一楼层内开间大于 4.2m 的房间占该层总面积的 40％ 以上；其中，开间不大于 4.2m 的房间占该层总面积不到 20％ 且开间大于 4.8m 的房间占该层总面积的 50％ 以上的为横墙很少。

③ 6、7 度时，横墙较少的丙类多层砌体房屋，当按规定采取加强措施并满足抗震承载力要求时，其高度和层数应允许仍按表 2-1 的规定采用。

④ 采用蒸压灰砂砖和蒸压粉煤灰砖的砌体的房屋，当砌体的抗剪强度仅达到普通黏土砖砌体的 70％ 时，房屋的层数应比普通砖房减少一层，总高度应减少 3m；当砌体的抗剪强度达到普通黏土砖砌体的取值时，房屋层数和总高度的要求同普通砖房屋。

2）多层砌体承重房屋的层高，不应超过 3.6m。

底部框架-抗震墙砌体房屋的底部，层高不应超过 4.5m；当底层采用约束砌体抗震墙时，底层的层高不应超过 4.2m。

当使用功能确有需要时，采用约束砌体等加强措施的普通砖房屋，层高不应超过 3.9m。

（2）房屋最大高宽比的限制　　震害调查表明，在 8 度地震区，5、6 层的砌体结构房屋都发生较明显的整体弯曲破坏，底层外墙产生水平裂缝并向内延伸至横墙。这是因为，当烈度高、房屋高宽比大时，地震作用所产生的倾覆力矩所引起的弯曲应力很容易超过砌体的弯曲抗拉强度而导致砖墙出现水平裂缝。所以《建筑抗震设计规范》GB 50011—2010 对房屋高宽比进行了限制，见表 2-2，以减少房屋弯曲效应，增加房屋的稳定性。

房屋最大高宽比（m）   表 2-2

烈度	6	7	8	9
最大高度比	2.5	2.5	2.0	1.5

注：1. 单面走廊房屋的总宽度不包括走廊宽度。
　　2. 建筑平面接近正方形时，其高宽比宜适当减小。

2.1.2 砌体材料要求

1. 砌体材料

（1）普通砖和多孔砖的强度等级不应低于 MU10，其砌筑砂浆强度等级不应低于 M5。蒸压灰砂普通砖、蒸压粉煤灰普通砖及混凝土砖的强度等级不应低于 MU15，其砌筑砂浆强度等级不应低于 Ms5（Mb5）。

（2）混凝土砌块的强度等级不应低于 MU7.5，其砌筑砂浆强度等级不应低于 Mb7.5。

（3）约束砖砌体墙，其砖砌体强度等级普通砖和多孔砖的强度等级不应低于 MU10，蒸压灰砂普通砖、蒸压粉煤灰普通砖及混凝土砖的强度等级不应低于 MU15，其砌筑砂浆强度等级不应低于 M10 或 Mb10。

（4）约束小砌块砌体墙，其混凝土小砌块的强度等级不应低于 MU7.5，砌筑砂浆强度等级不应低于 Mb10。

（5）顶层楼梯间墙体，普通砖和多孔砖的强度等级不应低于 MU10，蒸压灰砂普通砖、蒸压粉煤灰普通砖及混凝土砖的强度等级不应低于 MU15；砂浆强度等级不应低于 M7.5，且不低于同层墙体的砂浆强度等级。

（6）夹心墙的外叶墙，混凝土空心小砌块的强度等级不应低于 MU10，砌筑砂浆强度等级不应低于 Mb7.5。

（7）底部框架-抗震墙砌体房屋的过渡层，砌块的强度等级不应低于 MU10，砖砌体砌筑砂浆强度等级不应低于 M10，砌块砌体砌筑砂浆强度等级不应低于 Mb10。

2. 钢筋材料

（1）钢筋材料应符合下列规定：

1）钢筋宜选用 HRB400 级钢筋和 HRB335 级钢筋，也可采用 HPB300 级钢筋。

2）托梁、框架梁、框架柱等混凝土构件和落地混凝土墙，其普通受力钢筋宜优先选用 HRB400 钢筋。

（2）混凝土材料应符合下列规定：

1）托梁、底部框架-抗震墙砌体房屋中的框架梁、框架柱、节点核心区、混凝土墙和过渡层底板，其混凝土的强度等级不应低于 C30。

2）构造柱、圈梁、水平现浇钢筋混凝土带及其他各类构件的混凝土强度等级不应低于 C20，砌块砌体芯柱灌孔混凝土强度等级不应低于 Cb20。

2.1.3 多层砌体房屋的耐久性

砌体结构的耐久性应根据表 2-3 的环境类别和设计使用年限进行设计。

砌体结构的环境类别 表 2-3

环境类别	条件
1	正常居住及办公建筑的内部干燥环境
2	潮湿的室内或室外环境，包括与无侵蚀性土和水接触的环境
3	严寒和使用化冰盐的潮湿环境（室内或室外）
4	与海水直接接触的环境，或处于滨海地区的盐饱和的气体环境
5	有化学侵蚀的气体、液体或固态形式的环境，包括有侵蚀性土壤的环境

当设计使用年限为 50 年时，砌体中钢筋的耐久性选择应符合表 2-4 的规定。

砌体中钢筋耐久性选择 表 2-4

环境类别	钢筋种类和最低保护要求	
	位于砂浆中的钢筋	位于灌孔混凝土中的钢筋
1	普通钢筋	普通钢筋
2	重镀锌或有等效保护的钢筋	当采用混凝土灌孔时，可为普通钢筋 当采用砂浆灌孔时应为重镀锌或有等效保护的钢筋
3	不锈钢或有等效保护的钢筋	重镀锌或有等效保护的钢筋
4 和 5	不锈钢或等效保护的钢筋	不锈钢或等效保护的钢筋

注：1. 对夹心墙的外叶墙，应采用重镀锌或有等效保护的钢筋。
2. 表中的钢筋即为国家现行标准《混凝土结构设计规范》GB 50010—2010 和《冷轧带肋钢筋混凝土结构技术规程》JGJ 95—2011 等标准规定的普通钢筋或非预应力钢筋。

（1）设计使用年限为 50 年时，砌体中钢筋的保护层厚度，应符合下列规定：

1）配筋砌体中钢筋的最小混凝土保护层应符合表 2-5 的规定。

钢筋的最小保护层厚度 表 2-5

环境类别	混凝土强度等级			
	C20	C25	C30	C35
	最低水泥含量/（kg/m³）			
	260	280	300	320
1	20	20	20	20
2	—	25	25	25
3	—	40	40	30
4	—	—	40	40
5	—	—	—	40

注：1. 材料中最大氯离子含量和最大碱含量应符合现行国家标准《混凝土结构设计规范》GB 50010—2010 的规定。
2. 当采用防渗砌体块体和防渗砂浆时，可以考虑部分砌体（含抹灰层）的厚度作为保护层，但对环境类别 1、2、3，其混凝土保护层的厚度相应不应小于 10mm、15mm 和 20mm。
3. 钢筋砂浆面层的组合砌体构件的钢筋保护层厚度宜比表 2-5 规定的混凝土保护层厚度数值增加 5～10mm。
4. 对安全等级为一级或设计使用年限为 50 年以上的砌体结构，钢筋保护层的厚度应至少增加 10mm。

2）灰缝中钢筋外露砂浆保护层的厚度不应小于 15mm。

3）所有钢筋端部均应有与对应钢筋的环境类别条件相同的保护层厚度。

（2）对填实的夹心墙或特别的墙体构造，钢筋的最小保护层厚度应符合下列规定：

1）用于环境类别 1 时，应取 20mm 厚砂浆或灌孔混凝土与钢筋直径较大者。

2）用于环境类别 2 时，应取 20mm 厚灌孔混凝土与钢筋直径较大者。

3）采用重镀锌钢筋时，应取 20mm 厚砂浆或灌孔混凝土与钢筋直径较大者。

4）采用不锈钢筋时，应取钢筋的直径。

设计使用年限为 50 年时，夹心墙的钢筋连接件或钢筋网片、连接钢板、锚固螺栓或钢筋，应采用重镀锌或等效的防护涂层，镀锌层的厚度不应小于 $290g/m^2$；当采用环氧涂层时，灰缝钢筋涂层厚度不应小于 $290\mu m$，其余部件涂层厚度不应小于 $450\mu m$。

（3）设计使用年限为 50 年时，砌体材料的耐久性应符合下列规定：

1）地面以下或防潮层以下的砌体、潮湿房间的墙或环境类别 2 的砌体，所用材料的最低强度等级应符合表 2-6 的规定。

地面以下或防潮层以下的砌体、潮湿房间的墙所用材料的最低强度等级　　表 2-6

潮湿程度	烧结普通砖	混凝土普通砖、蒸压普通砖	混凝土砌块	石材	水泥砂浆
稍潮湿的	MU15	MU20	MU7.5	MU30	M5
很潮湿的	MU20	MU20	MU10	MU30	M7.5
含水饱和的	MU20	MU25	MU15	MU40	M10

注：1. 在冻胀地区，地面以下或防潮层以下的砌体，不宜采用多孔砖，如采用时，其孔洞应用不低于 M10 的水泥砂浆预先灌实。当采用混凝土空心砌块时，其孔应采用强度等级不低于 Cb20 的混凝土预先灌实。
2. 对安全等级为一级或设计使用年限大于 50 年的房屋，表中材料强度等级应至少提高一级。

2）处于环境类别 3～5 等有侵蚀性介质的砌体材料应符合下列规定：

① 不应采用蒸压灰砂普通砖、蒸压粉煤灰普通砖。

② 应采用实心砖，砖的强度等级不应低于 MU20，水泥砂浆的强度等级不应低于 M10。

③ 混凝土砌块的强度等级不应低于 MU15，灌孔混凝土的强度等级不应低于 Cb30，砂浆的强度等级不应低于 Mb10。

④ 应根据环境条件对砌体材料的抗冻指标、耐酸、碱性能提出要求，或符合有关规范的规定。

2.2　多层砖砌体房屋抗震构造与应用

2.2.1　构造柱

1. 构造柱的截面

构造柱最小截面可采用 180mm×240mm（墙厚 190mm 时为 180mm×190mm），纵向钢筋宜采用 4Φ12，箍筋间距不宜大于 250mm，且在柱上下端应适当加密；6、7 度时超过 6 层、8 度时超过 5 层和 9 度时，构造柱纵向钢筋宜采用 4Φ14，箍筋间距不应大于

200mm；房屋四角的构造柱应适当加大截面及配筋。

钢筋混凝土构造柱类别、最小截面和配筋见表2-7。

钢筋混凝土构造柱类别、最小截面和配筋　　　　　　表2-7

类别	适用范围	适用部位	最小截面/（mm×mm）	纵向钢筋	箍筋直径	箍筋间距加密区/非加密区	加密区范围
A	6、7度6层以下，8度5层以下的烧结普通砖、烧结多孔砖砌体	一般部位	180×240（砖砌体）180×190（小砌块砌体）	4φ12		100/250	节点上、下端500mm和1/6层高的大值
Aj	6、7度5层以下，8度4层以下的蒸压灰砂砖、蒸压粉煤灰砖及混凝土小型空心砌块	砌体房屋四角小砌块房屋外墙转角	240×240（砖砌体）180×190（小砌块砌体）	4φ14		100/200	
B	6、7度大于6层，8度大于5层及9度地区的烧结普通砖、烧结多孔砖砌体	一般部位	180×240（砖砌体）180×190（小砌块砌体）	4φ14		100/200	节点上、下端500mm和1/6层高的大值
Bj	6、7度大于5层，8度大于4层及9度地区的蒸压灰砂砖、蒸压粉煤灰砖及混凝土小型空心砌块	砌体房屋四角小砌块房屋外墙转角	240×240（砖砌体）180×190（小砌块砌体）	4φ16	φ6	100/150	
C	抗震设防分类为丙类，多层砖砌体房屋和多层小砌块房屋在横墙较小时，且房屋总高度和层数接近或达到总说明表2-1限值时的中部构造柱		240×240（砖砌体）240×190（小砌块砌体）	4φ14		100/200	节点上端700mm、节点下端500mm和1/6层高的大值
Cb	C类边柱、底部框架-抗震墙砌体房屋的上部墙体中设置的构造柱，不包括过渡层构造柱		240×240（砖砌体）240×190（小砌块砌体）	4φ14		100/200	
Cj	C类砖砌体房屋四角构造柱、C类小砌块房屋外墙转角构造柱、底部框架-抗震墙砌体房屋的上部墙体中四角的构造柱，不包括过渡层构造柱		240×240（砖砌体）240×190（小砌块砌体）	4φ16		100/100	全高

注：1. 表中斜体φ仅表示各类普通钢筋的直径，不代表钢筋的材料性能和力学性能。

　　2. 底部框架-抗震墙砌体房屋过渡层构造柱的纵向钢筋，6、7度时不宜少于4φ16，8度时不宜少于4φ18，其余同C类。

　　3. 蒸压灰砂砖、蒸压粉煤灰砖砌体房屋是指砌体的抗剪强度仅达到普通黏土砖砌体的70%。

　　4. 构造柱与墙或砌块墙连接处应砌成马牙槎。

2. 构造柱与墙体的连接

构造柱与墙连接处应砌成马牙槎（图2-9），沿墙高每隔500mm设2φ6水平钢筋和φ4分布短筋平面内点焊组成的拉结网片或φ4点焊钢筋网片，每边伸入墙内不宜小于1m。6、

7度时底部1/3楼层，8度时底部1/2楼层，9度时全部楼层，上述拉结钢筋网片应沿墙体水平通长设置。

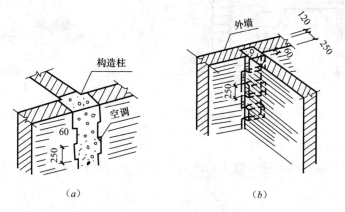

图 2-9　马牙槎结合

(a) 外露构造柱与砖墙；(b) 不外露构造柱与砖墙

构造柱立面详图如图 2-10 所示。

3. 构造柱与圈梁、基础的连接

构造柱与圈梁连接处，构造柱的纵筋应在圈梁纵筋内侧穿过，保证构造柱纵筋上下贯通。

一般情况下，构造柱的底端可锚固在室内地坪或室外地坪以下基础墙内的圈梁中。为了获得较好的锚固条件，锚有构造柱钢筋的一段圈梁宜加厚为 240mm，如图 2-11 所示。因房屋高宽比值过大而设置的构造柱，要承担地震引起的倾覆力矩。构造柱的底端以伸至房屋基础底面为妥，如图 2-12 所示。图中，l_{aE} 和 l_{lE} 分别为受拉钢筋的最小抗震锚固长度和搭接长度。

墙中构造柱一般均锚固于基础墙圈梁中，锚有构造柱钢筋的一段圈梁同样应加厚到 240mm。若未设置基础墙圈梁，墙中构造柱的下端可伸至室外地面下 500mm 处。

4. 构造柱间距

房屋高度和层数接近表 2-1 的限值时，纵、横墙内构造柱间距尚应符合下列要求：

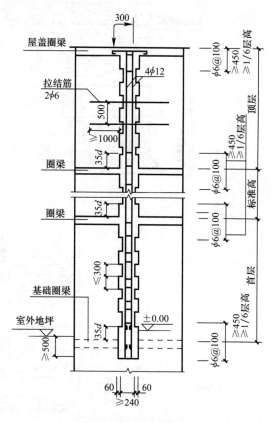

图 2-10　构造柱立面详图

(1) 横墙内的构造柱间距不宜大于层高的二倍；下部1/3楼层的构造柱间距适当减小。

(2) 当外纵墙开间大于 3.9m 时，应另设加强措施。内纵墙的构造柱间距不宜大于4.2m。

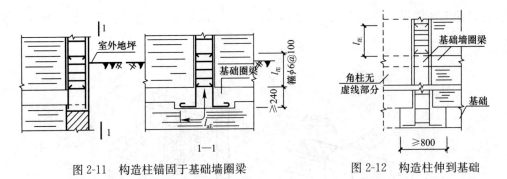

图 2-11 构造柱锚固于基础墙圈梁   图 2-12 构造柱伸到基础

5. 构造柱构造详图

构造柱根部与基础圈梁连接做法如图 2-13 所示。构造柱伸至室外地面 500mm 做法如图 2-14 所示。

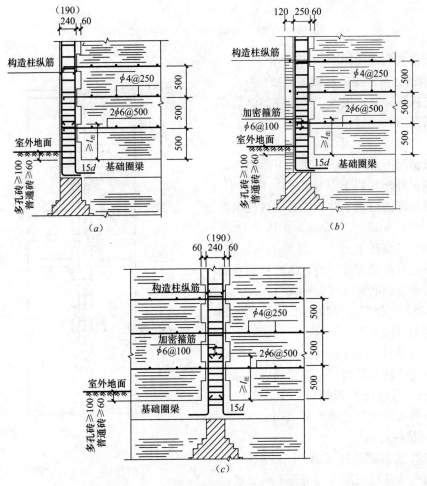

图 2-13 构造柱根部与基础圈梁连接做法

(a)、(b) 边柱；(c) 中柱

注：1. 本图适用于构造柱锚固于埋深小于 500mm 的基础圈梁的情况。

2. φ6@500 水平筋与 φ4@250 分布短筋平面内应点焊组成钢筋网片。

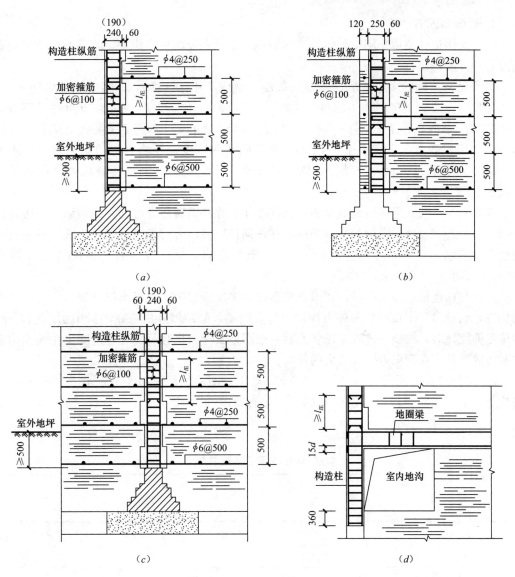

图 2-14　构造柱伸至室外地面 500 做法

（*a*）、（*b*）边柱；（*c*）中柱；（*d*）有地沟时

注：1. 本图用于未设置基础圈梁的砖砌体房屋。

2. $\phi6@500$ 水平筋与 $\phi4@250$ 分布短筋平面内应点焊组成钢筋网片。

3. 本图适用于构造柱伸入室外地面下 500mm 的情况。

4. 有管道穿过时，该处的马牙槎上移或取消。

2.2.2　钢筋混凝土圈梁

现浇钢筋混凝土圈梁是增加墙体的连接，提高楼盖、屋盖刚度，抵抗地基不均匀沉降，限制墙体裂缝开展，保证房屋整体性，提高房屋抗震能力的有效措施，而且是减小构造柱计算长度，充分发挥构造柱抗震作用不可缺少的连接构件。因此，钢筋混凝土圈梁在砌体房屋中获得了广泛采用。

1. 截面和配筋

（1）无构造柱圈梁。圈梁是多层砖房中一个十分重要的抗震构件，其截面和配筋应该通过合理方法确定。

对于无构造柱的多层砖房，圈梁的截面高度应不小于 120mm，圈梁内的纵向钢筋，设防烈度为 6 度或 7 度时，不应少于 4ϕ10；8 度时，不应少于 4ϕ12；9 度时，不应少于 4ϕ14。当钢筋直径采用ϕ14 时，为使纵、横圈梁相交处钢筋交叉叠置后仍有足够的净距，圈梁截面高度不宜小于 150mm。至于圈梁的宽度，外墙上的圈梁需要承担水平弯矩，不宜小于 240mm，内墙上的圈梁，主要是承担拉力，圈梁的截面宽度可以稍窄一些。

现浇圈梁是与上下砖墙联成整体，共同工作，除外墙转角处可能因纵横墙连接破坏而在圈梁中引起剪力外；圈梁的其他部位，在任何情况下，剪切都不可能成为圈梁的主要受力状态。所以，箍筋可按构造要求设置，一般采用 ϕ6，间距分别取 250mm（6、7 度）、200mm（8 度）和 150mm（9 度）。

（2）与构造柱相连的圈梁。在设置构造柱的多层砖房中，圈梁不仅是加强房屋整体性的构件，而且是一个很重要的传力构件。地震期间，除砖墙外甩将在圈梁中引起拉力外，墙体受剪破坏时，构造柱进入工作状态后，楼层地震剪力将有一部分通过圈梁传递到构造柱和砖墙，从而在圈梁内引起较大的拉力。

《建筑抗震设计规范》GB 50011—2010 规定：圈梁的截面高度不应小于 120mm，配筋应符合表 2-8 的要求，增设的基础圈梁，截面高度不应小于 180mm，配筋不应少于 4ϕ12。

多层砖砌体房屋圈梁配筋要求 表 2-8

配 筋	烈 度		
	6、7	8	9
最小截面高度	120	120	120
最小纵筋	4ϕ10	4ϕ12	4ϕ14
最小箍筋	ϕ6@250	ϕ6@200	ϕ6@150

注：1. 表中斜体 ϕ 仅表示各类普通钢筋的公称直径，不代表钢筋的材料性能和力学性能。
2. 丙类的多层砖砌体房屋，当横墙较少且总高度和层数接近或达到表 2-1 的限值时，所有纵横墙均应在楼、屋盖标高处设置加强的现浇钢筋混凝土圈梁：最小截面高度 150mm，最小纵筋 6ϕ10，最小箍筋 ϕ6@300，简称加强圈梁。
3. 圈梁纵向钢筋采用绑扎接头时，纵筋可在同一截面搭接，搭接长度 l_{lE} 可取 1.2l_a，且不应小于 300mm。

2. 圈梁节点

无构造柱的砖房中，内墙上的圈梁在地震期间主要承受拉力，其纵向钢筋伸入内外墙交接处圈梁节点内的锚固长度，应不小于关于受拉钢筋锚固长度 l_{aE} 的规定（图 2-15a）。由于这种圈梁节点核心区内的剪应力很小，内墙上圈梁的纵向钢筋可以向外弯转、锚固在核心区之外，因而核心区内可以少配箍筋，以方便施工。

外墙转角处的圈梁，不仅承受拉力和水平方向弯矩，还有可能承受剪力。因此，外墙转角处的圈梁节点，除纵向钢筋伸入节点内的锚固长度应符合要求外，节点核心区内应配置斜向箍筋，以承担圈梁内侧纵横向钢筋的合力在角部引起的斜向拉力，并在内角处配置45°斜向钢筋来承担可能出现的剪力，如图 2-15b 所示。

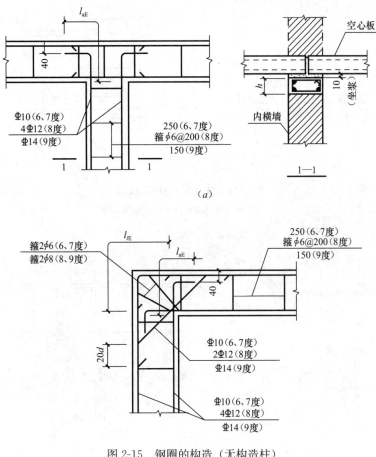

图 2-15　钢圈的构造（无构造柱）

（a）T 形节点；（b）L 形节点

3. 与构造柱的连接

带构造柱的砖房中，圈梁主要承受拉力和水平方向弯矩。即使是外墙转角处，由于有构造柱对两个方向砖墙的约束，圈梁在节点内及其附近的剪应力也是不大的，因而不必再像一般圈梁节点那样配置斜钢筋和斜向箍筋，只需将圈梁纵向钢筋伸入节点内并向下弯转后的长度不少于受拉钢筋锚固长度 l_{aE} 的规定即可。图 2-16 所示为圈梁与角柱的连接，图 2-17 所示为圈梁与边柱的连接，图 2-18 所示为圈梁纵筋伸入构造柱内的锚固长度。考虑到节点上下的构造柱和节点左右的圈梁，均不可能出现同方向弯矩，而且弯矩的数值也比较小，因而节点核心区因不平衡弯矩引起的剪应力也可忽略不计。施工有困难时，节点内也可少配箍筋。

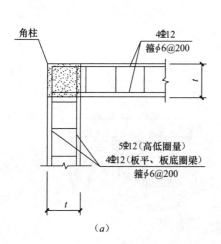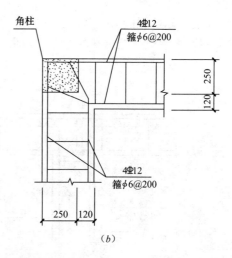

图 2-16　圈梁与角柱的连接

(a) 墙、柱等宽；(b) 柱比墙窄

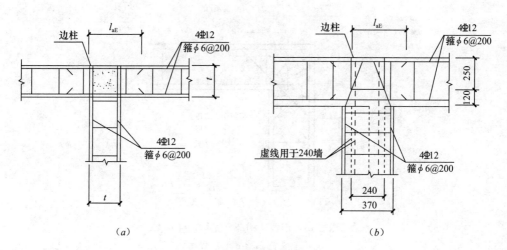

图 2-17　圈梁与边柱的连接

(a) 墙、柱等宽；(b) 柱比墙窄

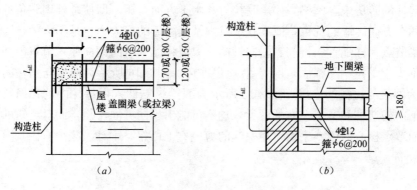

图 2-18　圈梁纵筋在构造柱的锚固

(a) 楼层圈梁；(b) 地下圈梁

2.2.3　楼梯间

1. 构造要求

（1）顶层楼梯间墙体应沿墙高每隔 500mm 设 $2\phi6$ 通长钢筋（图 2-19）和 $\phi4$ 分布短钢筋平面内点焊组成的拉结网片或 $\phi4$ 点焊网片；7～9 度时其他各层楼梯间墙体应在休息平台或楼层半高处设置 60mm 厚、纵向钢筋不应少于 $2\Phi10$ 的钢筋混凝土带或配筋砖带，配筋砖带不少于 3 皮，每皮的配筋不少于 $2\phi6$（图 2-20），砂浆强度等级不应低于 M7.5 且不低于同层墙体的砂浆强度等级。

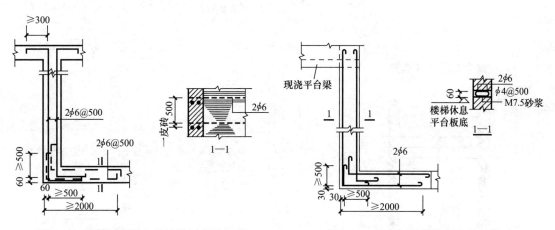

图 2-19　楼梯间横墙和外墙设置通长钢筋　　　　图 2-20　楼梯间墙体设置配筋砖带

（2）楼梯间及门厅内墙阳角处的大梁支承长度不应小于 500mm，并应与圈梁连接。

（3）装配式楼梯段应与平台板的梁可靠连接，8、9 度时不应采用装配式楼梯段、不应采用墙中悬挑式踏步或踏步竖肋插入墙体的楼梯，不应采用无筋砖砌栏板。

（4）凸出屋顶的楼、电梯间，构造柱应伸到顶部，并与顶部圈梁连接，所有墙体应沿墙高每隔 500mm 设 $2\phi6$ 通长钢筋和 $\phi4$ 分布短筋平面内点焊组成的拉结网片或 $\phi4$ 点焊网片。

2. 预制楼梯

楼梯采用预制构件时，各连接节点的构造应能承受一定的水平拉力；踏步梯段靠墙处应设斜边梁，L 形预制踏步板的竖肋，不能插入墙内，以免使该处砌体破碎，抗剪强度降低。此外，不能采用嵌入砖墙内的悬挑踏步板，一方面是因为无法保证砖墙地震时不开裂，开裂后的砖墙不可能再是悬臂板的可靠支承；另一方面，悬臂踏步板给予砖墙的巨大力矩，将进一步加重楼梯间横墙的破坏。

3. 楼梯间构造详图

楼梯间墙体拉结钢筋网面平面如图 2-21 所示，标准层在休息平台处或楼层半高处的钢筋混凝土带或配筋砖带水平如图 2-22 所示。

2.2.4　板侧圈梁节点

板侧圈梁节点如图 2-23 所示。

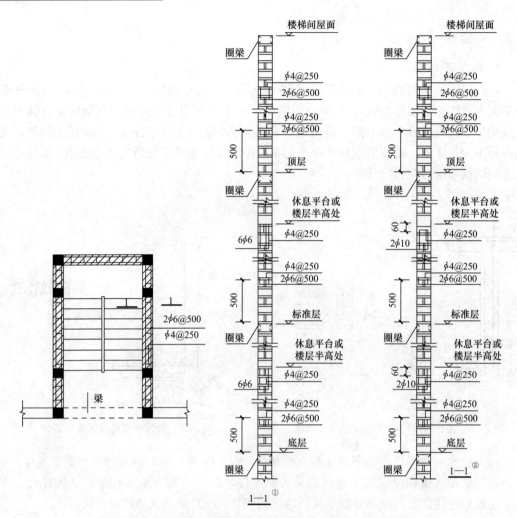

图 2-21 楼梯间墙体拉结钢筋网面平面（楼梯间通高设置）

1-1①—配筋砖带 1-1②—钢筋混凝土配筋带

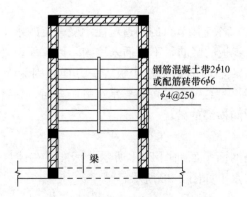

图 2-22 标准层在休息平台处或楼层
半高处的钢筋混凝土带或配筋砖带水平

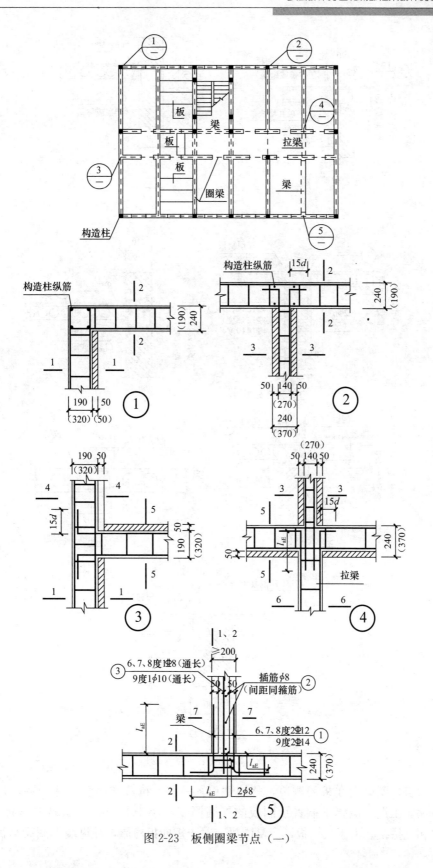

图 2-23　板侧圈梁节点（一）

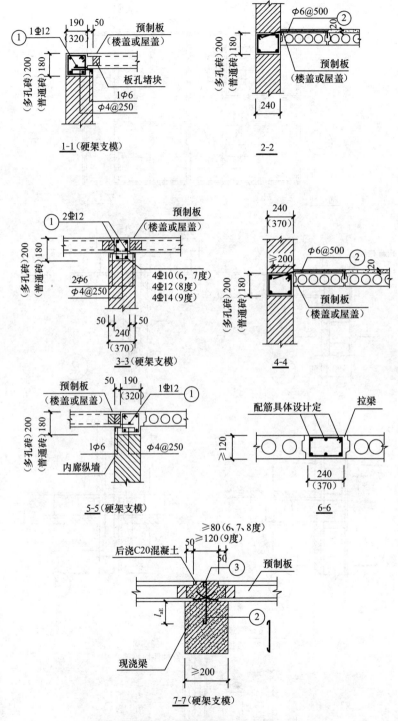

图 2-23　板侧圈梁节点（二）

一般而言，圈梁设在板的侧边，整体性更强一些，抗震作用会更好一些，且方便施工，可以缩短工期。但要求搁置预制板的外墙厚度不小于 240mm，板端应该伸出钢筋，在接头中相互搭接。由于先搁板，后浇圈梁，对于短向板房屋，外纵墙上圈梁与板的侧边结合良好，将显著提高窗裙墙的纵向抗弯刚度，对于层高较低、窗裙墙较矮的住宅，对防止窗裙墙由于平面内弯剪引起的交叉斜裂缝是有帮助的。

① 号筋为通长筋，两端锚入外纵墙圈梁内 500mm，并与板端钢筋隔根点焊，每块板至少点焊 4 根。

② 号筋用于房屋端部大房间的 6 度屋盖处和 7～9 度楼盖和屋盖处。

2.2.5　高低圈梁节点

高低圈梁节点如图 2-24 所示。

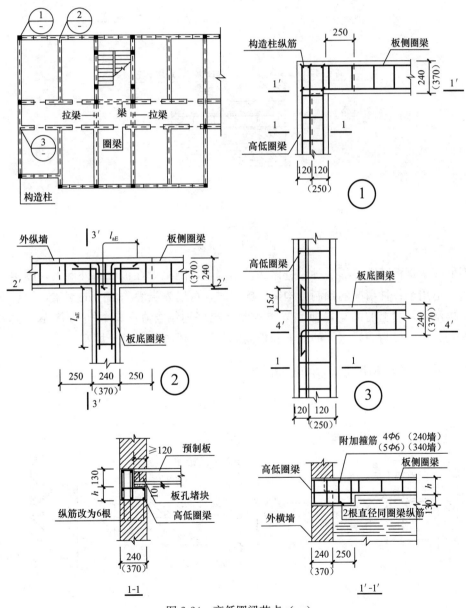

图 2-24　高低圈梁节点（一）

注：h 为圈梁高度。

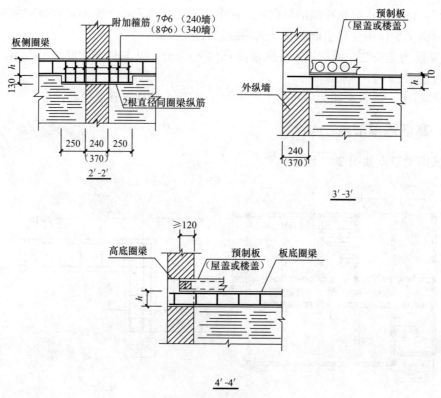

图 2-24　高低圈梁节点（二）

注：h 为圈梁高度。

高低圈梁是板底圈梁的一种改进做法。内墙上，圈梁设在板底；外墙上，圈梁设在板的侧边。适用于各种情况的预制板构造。施工时，可以先浇灌内墙上的圈梁，然后安放预制板，再浇灌外墙上的圈梁，使圈梁与预制板更好地结合在一起；也可首先一次浇灌圈梁，再安放板，板与圈梁之间的缝隙和板间缝隙同时用细石混凝土填实。

2.2.6　后砌墙与构造柱、承重墙的拉结

后砌墙与构造柱、承重墙的拉结如图 2-25 所示。

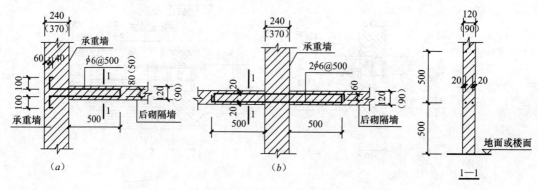

图 2-25　后砌墙与构造柱、承重墙的拉结（一）

（a）一侧有隔墙；（b）一两侧有隔墙

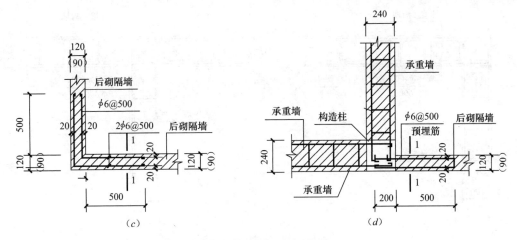

图 2-25 后砌墙与构造柱、承重墙的拉结（二）

(c)—一侧有隔墙；(d)—两侧有隔墙

后砌的非承重隔墙应沿墙高每隔 500～600mm 配置 2ϕ6 拉结钢筋与承重墙或柱拉结，每边伸入墙内不应少于 500mm；8 度和 9 度时，长度大于 5m 的后砌隔墙，墙顶尚应与楼板或梁拉结，独立墙肢端部及大门洞宜设钢筋混凝土构造柱。

2.3 多层混凝土小砌块砌体房屋抗震构造与应用

2.3.1 承重墙的拉结钢筋网片

承重墙的拉结钢筋网片如图 2-26 所示。

（1）ϕ4 点焊拉结钢筋网片可采用平接焊接或搭接焊接连接，拉结钢筋网片应沿墙体水平通长设置。

（2）拉结钢筋网片沿墙体间距不大于 600mm；6、7 度时底部 1/3 楼层，8 度时底部 1/2 楼层，9 度时全部楼层，拉结钢筋网片沿墙高间距不大于 400mm。

（3）ϕ4@600 用于（2）规定以外的其他楼层。

（4）6、7 度时长度大于 7.2m 的大房间，以及 8、9 度时外墙转角及内外墙交接处，应沿墙高每隔 400mm 配置 2ϕ6 通长钢筋和 ϕ4 分布短筋平面内点焊组成的拉结网片或 ϕ4 点焊网片。

（5）顶层楼梯间墙体应沿墙高每隔 400mm 配置拉结钢筋网片，且网片的通长钢筋应采用 ϕ2@6 制作。

（6）凸出屋顶的楼、电梯间，所有墙体应沿墙高每隔 400mm 配置拉结钢筋网片，且网片的通长钢筋应采用 2ϕ6 制作。

（7）钢筋网片遇门窗洞口时，可在洞边切断。

（8）纵、横墙交接处，砌块应交错咬槎砌筑。

（9）本图拉结网片 W-1、W-2 在端部 400mm 处与 W-3 采用插入式搭接连接。

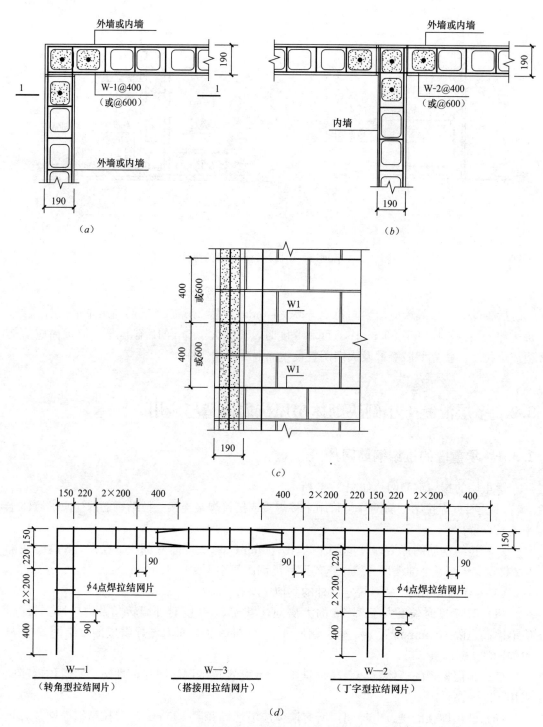

图 2-26 承重墙的拉结钢筋网片

（a）转角墙；（b）丁字墙；（c）1-1 剖面图；（d）拉结钢筋网片的设置

2.3.2 后砌隔墙的拉结钢筋网片

（1）后砌的内隔墙与承重墙相连接时，因为两者没有咬槎，砌筑承重墙时应在相应部位，沿墙高每隔 400mm 埋设一片拉结钢筋网片，待以后砌筑内隔墙时，将其另一端埋入内隔墙的对应水平灰缝内（图 2-27）。非承重内隔墙转角处应按如图 2-28 所示的方法配置钢筋网片。

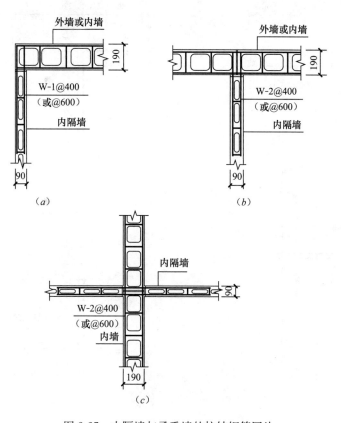

图 2-27　内隔墙与承重墙的拉结钢筋网片

（a）L 形连接；（b）T 形连接；（c）十字形连接

注：拉结网片 W-1、W-2、W-3 如图 2-29 所示。

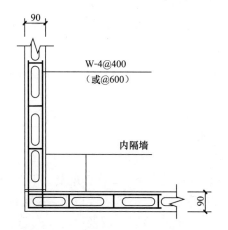

图 2-28　内隔墙转角处的拉结钢筋网片

注：拉结网片 W-4 如图 2-29 所示。

（2）承重墙与非承重墙以及非承重墙相互间的拉结钢筋网片，均可采用 2φ4、横筋间距不大 200mm 的点焊钢筋网片，如图 2-29 所示。

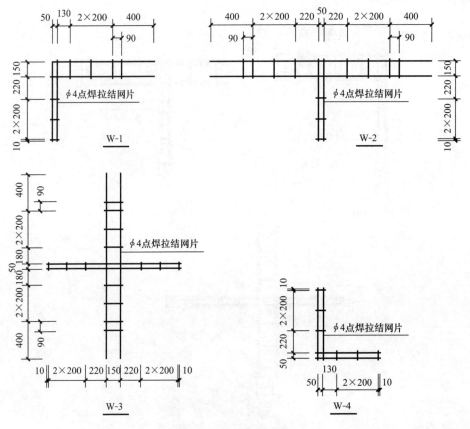

图 2-29　点焊钢筋网片

注：1. 自承重墙的主砌块外形尺寸为 390×90×190（90）。

2. 后砌隔墙的砌筑砂浆强度等级不应低于 Mb5。

3. 拉结钢筋网片的设计要求见图 2-28。

2.3.3　芯柱节点和配筋

多层小砌块房屋墙体交接处或芯柱与墙体连接处应设置拉结钢筋网片，网片可采用直径 4mm 的钢筋点焊而成，沿墙高间距不大于 600mm，并应沿墙体水平通长设置。6、7 度时底部 1/3 楼层，8 度时底部 1/2 楼层，9 度时全部楼层，上述拉结钢筋网片沿墙高间距不大于 400mm，如图 2-30 所示。

对图 2-30 构造理解如下：

（1）图 2-30a、b 用于 6 度 6 层及以下、7 度 5 层及以下、8 度 4 层及以下。

（2）图中芯柱插筋Φ12 用于 6、7 度时 6 层及以下、8 度时 4 层及以下。

（3）图中芯柱插筋Φ14 用于 6、7 度时 6 层及以上、8 度时 5 层及以上、9 度时各层。

（4）"圈梁顶面"指基础圈梁顶面或每一楼层的圈梁顶面。

（5）各楼层芯柱处第一皮砌块，应朝室内方向设置清扫口。

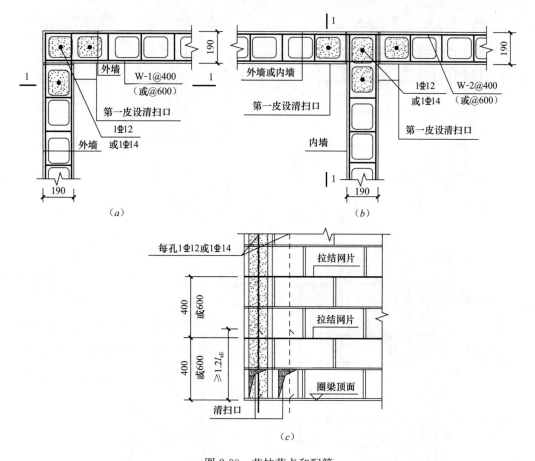

图 2-30 芯柱节点和配筋

(a) 外墙转角灌实 3 孔（外墙阳角）；(b) 内外墙交接处灌实 4 孔（内墙交接处灌实 4 孔）；

(c) 1-1 剖面图

（6）纵、横墙连接处，砌块交错咬槎砌筑，并应保持各个混凝土砌块的竖孔上下对齐贯通。

（7）芯柱采用 Cb20 灌孔混凝土灌注。

2.3.4 芯柱纵向钢筋的锚固

芯柱应伸至室外地面以下 500mm 处或与埋深小于 500mm 的基础圈梁相连。当房屋的高宽比值较大时，芯柱的竖向钢筋宜锚入混凝土基础内，如图 2-31 所示。

2.3.5 190×190 构造柱节点和配筋

构造柱截面不宜小于 190mm×190mm，纵向钢筋宜采用 4Φ12，箍筋间距不宜大于 250mm，如图 2-32 所示，且在柱上下端应适当加密；6、7 度时超过 5 层、8 度时超过 4 层和 9 度时，构造柱纵向钢筋宜采用 4Φ14，箍筋间距不应大于 200mm；外墙转角的构造柱可适当加大截面及配筋。

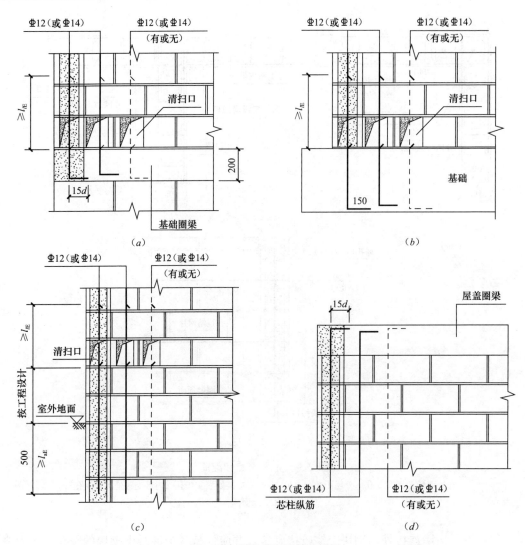

图 2-31　芯柱纵向钢筋的锚固

（a）锚入基础圈梁；（b）锚入基础；（c）锚入室外地面下；（d）锚入屋盖圈梁

注：室内地面以下，所有小砌块的孔洞应采用 Cb20 灌孔混凝土灌实。

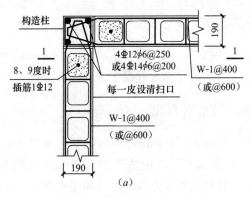

图 2-32　190×190 构造柱节点和配筋（一）

（a）墙角

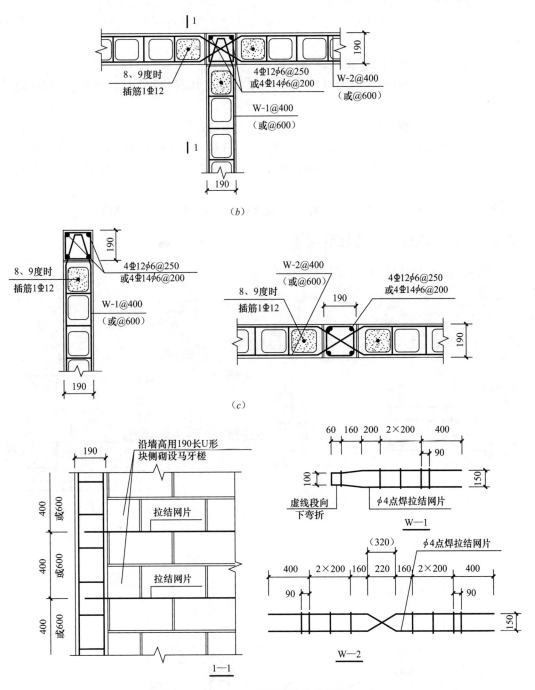

图 2-32 190×190 构造柱节点和配筋（二）

(b) 丁字墙；(c) 一字墙

对图 2-32 构造理解如下：

（1）本图用于内外墙交接处、楼电梯间四角等部位，允许采用钢筋混凝土构造柱替代芯柱做法。

（2）6、7 度时 5 层及以下，8 度时 4 层及以下，构造柱纵筋⊈12，箍筋 φ6@250。

（3）6、7度时6层及以上、8度时5层及以上、9度时各层，构造柱纵筋⊕14，箍筋 φ6@200。

（4）构造柱与砌块墙连接处应设马牙槎。

（5）当仅设构造柱时，与构造柱相邻的马牙槎砌块孔洞，6度时宜填实，7度时应填实，8、9度时应填实并插入1⊕12钢筋。

（6）各楼层第一皮马牙槎处，应朝室内方向设置清扫口。

（7）纵、横墙连接处，砌块交错咬槎砌筑，芯柱处上下皮砌块的孔洞应对齐贯通。

（8）构造柱与圈梁连接处，构造柱的纵筋应在圈梁纵筋内侧穿过，保证构造柱纵筋上下贯通。

（9）芯柱采用Cb20灌孔混凝土灌实，构造柱采用C20混凝土后浇筑。

2.3.6 女儿墙芯柱、构造柱节点

女儿墙芯柱、构造柱节点如图2-33所示。

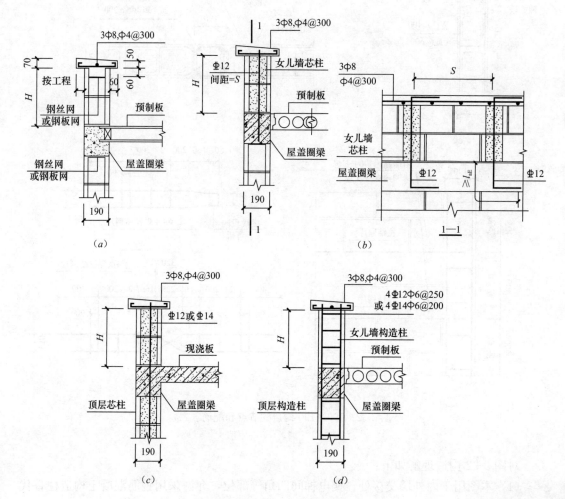

图 2-33 女儿墙芯柱、构造柱节点（一）

（a）无芯柱、无构造柱；（b）有芯柱；（c）芯柱延伸；（d）构造柱延伸

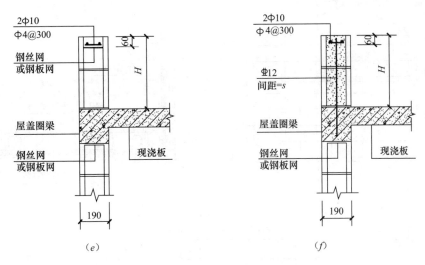

图 2-33　女儿墙芯柱、构造柱节点（二）

（e）无芯柱；（f）有芯柱

（1）本图用于女儿墙设芯柱或顶层芯柱、构造柱延伸构造节点，芯柱要求见表 2-9；其中图 2-33e、f 节点用于严寒地区外包保温层做法。

女儿墙芯柱的水平间距 S（mm）　　　　　　　　　　　　　　　表 2-9

烈　度	非　抗　震	6、7 度	8、9 度
$H \leqslant 600$	600	600	400
$600 < H \leqslant 800$	600	400	400

（2）女儿墙芯柱采用 Cb20 灌孔混凝土灌实，女儿墙压顶采用 C20 混凝土浇筑。

（3）顶层芯柱、构造柱纵向钢筋延伸至女儿墙压顶内的锚固长度不应小于 l_{aE}。

（4）应沿女儿墙高每隔 400mm 设置通长拉结钢筋网片。

（5）女儿墙在人流出入口和通道处应采用构造柱连接，其间距不大于半开间。

（6）圈梁、预制板或现浇屋面板按工程设计，图中仅为示意。

（7）当板的跨度大于 4.8m 并与外墙平行时，靠外墙的预制板侧应与墙或圈梁拉结。

2.3.7　夹心墙

夹心墙的拉结钢筋网片和拉结件应进行防腐处理，拉结件和拉结钢筋网片应配合使用，并错开灰缝设置，且拉结件应按梅花形布置。对立墙肢端部、门窗洞口两侧 600mm 范围内应附加间距不大于 400mm 的拉结件。当采用内、外叶墙整体点焊的拉结钢筋网片时，可不设置内叶墙与外叶墙之间的拉结件，夹心墙内、外墙拉结件构造如图 2-34 所示。

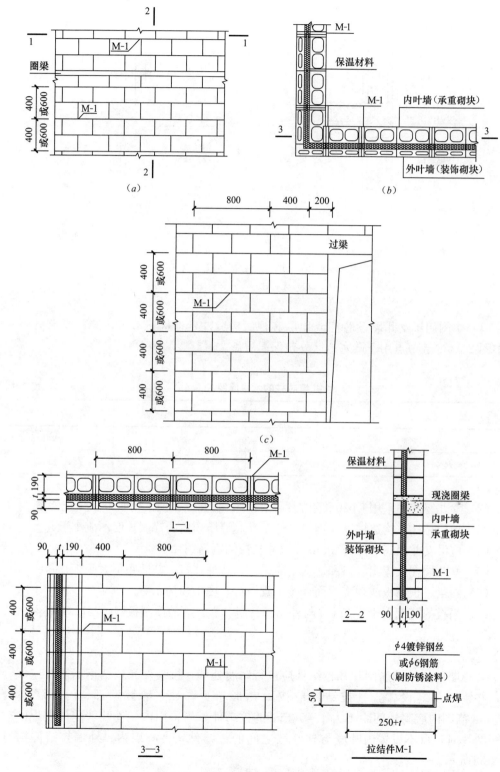

图 2-34　夹心墙内、外墙拉结件构造

(a) 墙面；(b) 外墙转角；(c) 门窗洞口

夹心墙的拉结钢筋网片如图 2-35 所示。

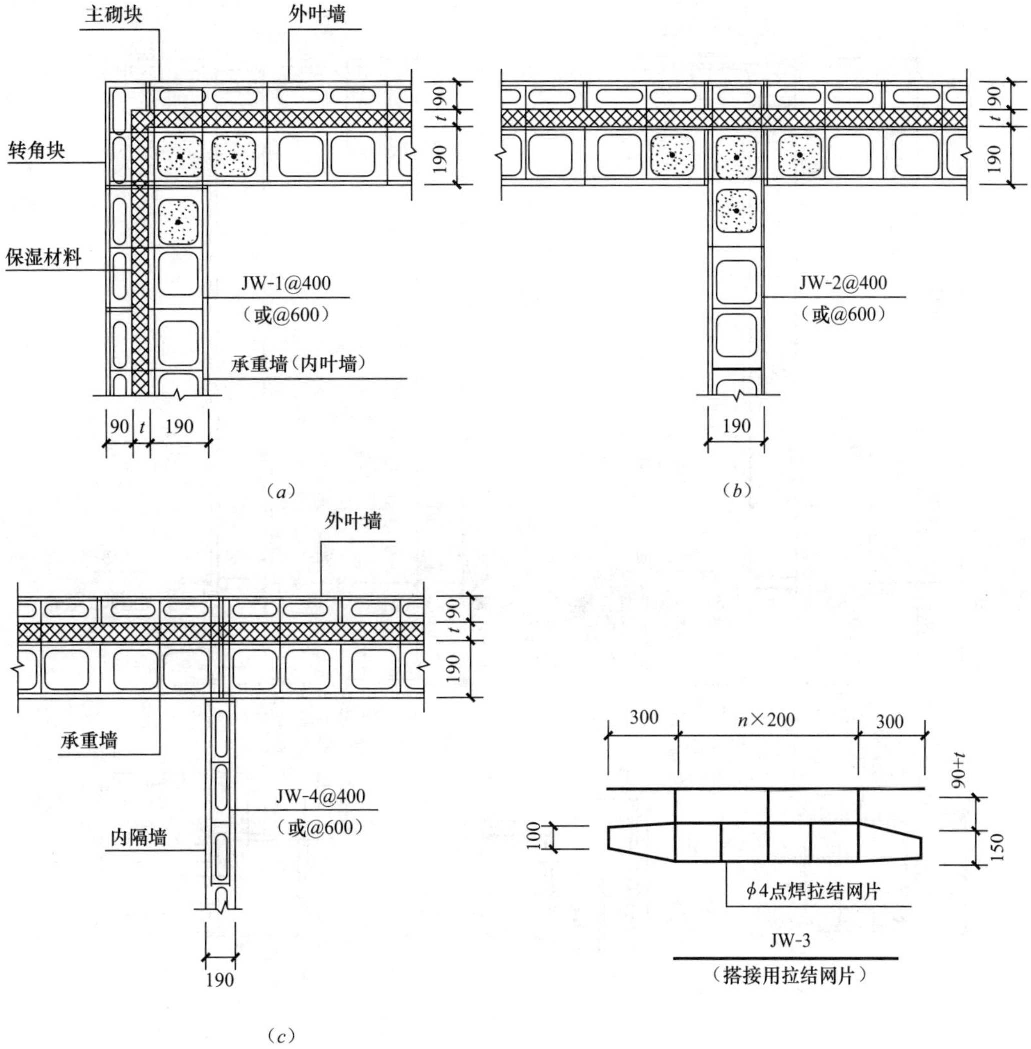

（*a*）

（*b*）

（*c*）

图 2-35　夹心墙的拉结钢筋网片

（*a*）外墙转角（外墙阳角）；（*b*）内外墙交接处；（*c*）门窗洞口

注：拉结钢筋网片 JW-1、JW-2 在端部 400mm 处与 JW-3 采用插入式搭接连接。

2.4　底部框架-抗震墙砌体房屋抗震构造与应用

2.4.1　底部框架柱纵筋的连接

1. 底层框架柱纵筋的搭接连接

底层框架柱纵筋的搭接连接如图 2-36 所示。

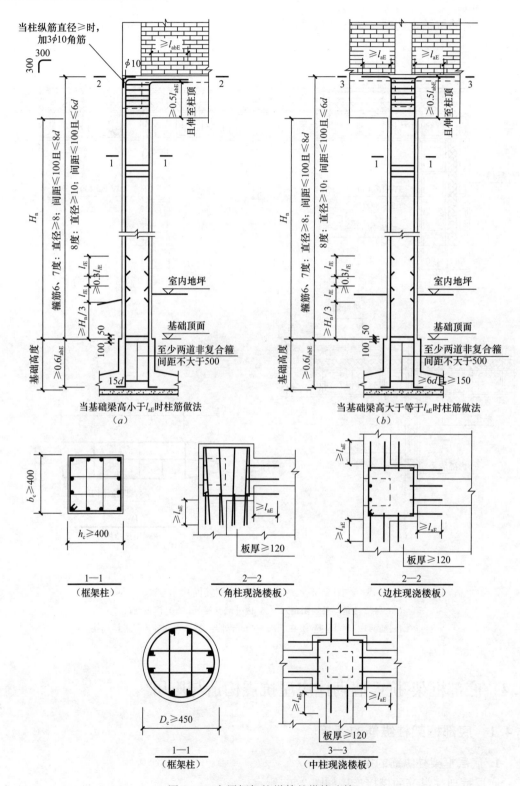

图 2-36　底层框架柱纵筋的搭接连接

（a）角柱、边柱；（b）中柱

（1）框架柱的截面尺寸和配筋按计算结果采用；H_n 为所在楼层柱净高，具体按工程设计。

（2）框架柱和基础的混凝土强度等级不低于 C30。

（3）框架柱纵筋的总配筋率应≤5%。

（4）框架柱的轴压比，6 度时不宜大于 0.85，7 度时不宜大于 0.75，8 度时不宜大于 0.65。

（5）纵筋搭接长度范围内，箍筋尚需满足：直径不小于 $d/4$（d 为搭接钢筋最大直径），箍筋间距不大于 100mm 及 $5d$（d 为搭接钢筋最小直径）。

（6）柱相邻纵向钢筋连接接头相互错开，在同一截面内钢筋接头面积不宜大于 50%。

（7）框架柱的纵向钢筋直径≥28mm，其接头应采用机械连接或焊接。

2. 底层框架柱纵筋的机械连接或焊接

底层框架柱纵筋的机械连接或焊接如图 2-37 所示。

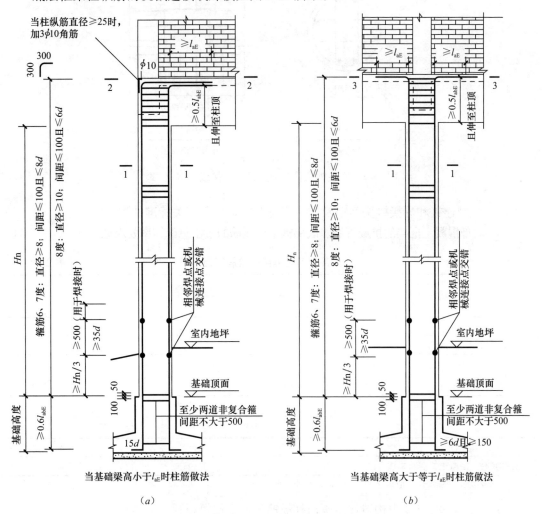

（a）　　　　　　　　　　　　　（b）

图 2-37　底层框架柱纵筋的机械连接或焊接（一）

（a）角柱、边柱；（b）中柱

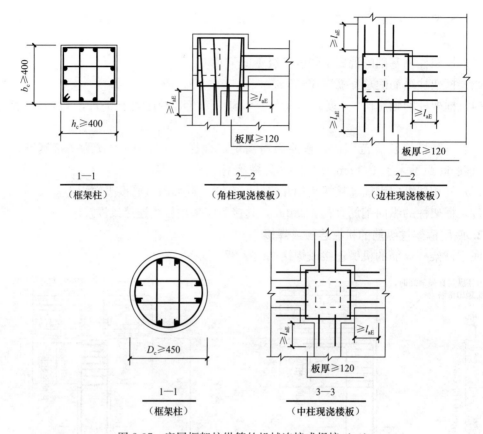

图 2-37 底层框架柱纵筋的机械连接或焊接（二）

（1）机械连接和焊接接头类型及质量应符合国家现行有关标准的规定。

（2）底部混凝土框架的抗震等级、底部框架柱纵筋的最小总配筋率要求见表 2-10、表 2-11。

底部混凝土框架的抗震等级   表 2-10

结构类型	设防烈度		
	6	7	8
框架	三	二	一
混凝土抗震墙	三	三	二

底部框架柱纵筋的最小总配筋率（％）   表 2-11

类别	设防烈度		
	6	7	8
中柱	0.9％	0.9％	1.1％
边柱和角柱、混凝土抗震墙端柱	1.0％	1.0％	1.2％

注：此表为钢筋强度标准值低于 400MPa 时的最小配筋率。

（3）剖面 2-2、3-3 中构造柱范围内柱纵筋伸入上层楼板顶。

3. 底部两层框架柱纵筋的搭接连接

底部两层框架柱纵筋的搭接连接如图 2-38 所示。

（1）机械连接和焊接接头类型及质量应符合国家现行有关标准的规定。

（2）底部混凝土框架的抗震等级、底部框架柱纵筋的最小总配筋率要求见表2-10、表2-11。

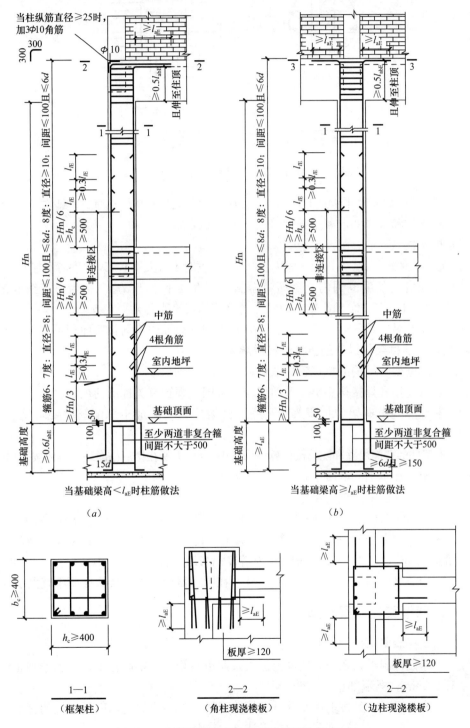

图 2-38　底部两层框架柱纵筋的搭接连接（一）

（a）角柱、边柱；（b）中柱

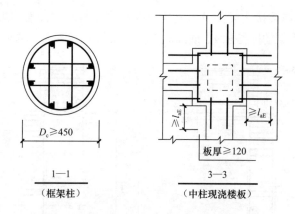

1—1
（框架柱）

3—3
（中柱现浇楼板）

图 2-38 底部两层框架柱纵筋的搭接连接（二）

（3）框架柱的截面尺寸和配筋按计算结果采用；H_n 为所在楼层柱净高，具体按工程设计。

（4）框架柱和基础的混凝土强度等级不低于 C30。

（5）框架柱纵筋的总配筋率应≤5%。

（6）框架柱的轴压比，6 度时不宜大于 0.85，7 度时不宜大于 0.75，8 度时不宜大于 0.65。

（7）纵筋搭接长度范围内，箍筋尚需满足：直径不小于 $d/4$（d 为搭接钢筋最大直径），箍筋间距不大于 100mm 及 5d（d 为搭接钢筋最小直径）。

（8）柱相邻纵向钢筋连接接头相互错开，在同一截面内钢筋接头面积不宜大于 50%。

4. 底部两层框架柱纵筋的机械连接或焊接

底部两层框架柱纵筋的机械连接或焊接如图 2-39 所示。

（1）机械连接和焊接接头类型及质量应符合国家现行有关标准的规定。

（2）底部混凝土框架的抗震等级、底部框架柱纵筋的最小总配筋率要求见表 2-10、表 2-11。

（3）框架柱的截面尺寸和配筋按计算结果采用；H_n 为所在楼层柱净高，具体按工程设计。

（4）框架柱和基础的混凝土强度等级不低于 C30。

（5）框架柱纵筋的总配筋率应≤5%。

（6）框架柱的轴压比，6 度时不宜大于 0.85，7 度时不宜大于 0.75，8 度时不宜大于 0.65。

（7）纵筋搭接长度范围内，箍筋尚需满足：直径不小于 $d/4$（d 为搭接钢筋最大直径），箍筋间距不大于 100mm 及 5d（d 为搭接钢筋最小直径）。

（8）柱相邻纵向钢筋连接接头相互错开，在同一截面内钢筋接头面积不宜大于 50%。

2.4.2 底部框架托墙梁构造

底部框架托墙梁构造如图 2-40 所示。

（1）当非偏开洞时，在洞口宽度范围内及洞边两侧一个梁高范围内，箍筋加密；间距不应大于 100mm；梁端部也要加密。

（2）当偏开洞时，除按上述要求外，洞边至最近支座边的范围内托墙梁的箍筋按要求加密，洞边另一侧及洞口宽度范围内按上述（1）规定要求加密。

（3）偏开洞的托墙梁远侧支座的加密区、箍筋的加密要求不变。

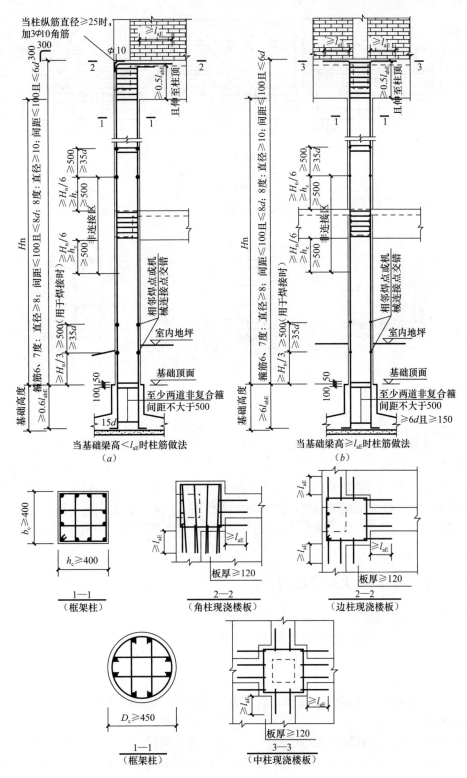

图 2-39　底部两层框架柱纵筋的机械连接或焊接

(a) 角柱、边柱；(b) 中柱

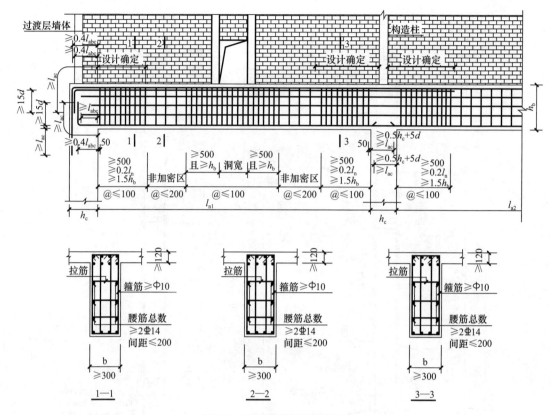

图 2-40　底部框架托墙梁构造

底部框架托墙梁，用平法表示时，设计时应出些详图或简图，施工中注意上部砌体墙的开洞位置。

在大震作用下，底部框架托墙梁起不了拉杆的作用，也形不成小墙梁，在墙的端部和洞口的角部会发生较大的斜向裂缝，角部在大震作用下，砌体会被压酥，墙体失去拱的作用，梁完全变成了受弯构件。故在大震设计时不考虑墙体变形的拉杆拱的作用，此处须采取一定的抗震构造措施。

2.4.3　底部钢筋混凝土抗震墙的构造

底部钢筋混凝土抗震墙的构造如图 2-41 所示。

（1）抗震墙、边框梁与边框柱混凝土强度等级≥C30。

（2）抗震墙的竖向和横向分布钢筋的配筋率应≥0.3%，直径≥ϕ10 且不宜大于墙厚的 1/10，间距宜≤300mm。

（3）钢筋混凝土抗震墙的边缘构件按《建筑抗震设计规范》GB 50011—2010 第 6.4 条的规定设置。

（4）图示区域为抗震墙构造边缘构件，A_c 为其截面面积。

（5）构造边缘构件的拉筋，水平间距不应大于竖向钢筋间距的 2 倍；转角墙处宜采用箍筋。

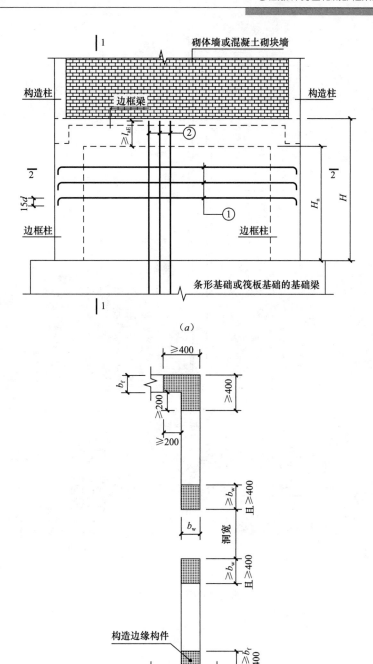

图 2-41 底部钢筋混凝土抗震墙的构造（一）

（a）抗震墙（一）；（b）抗震墙（二）

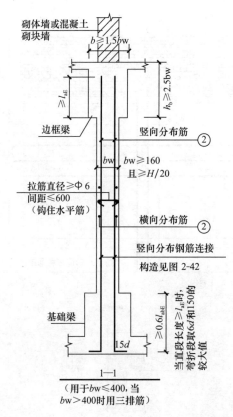

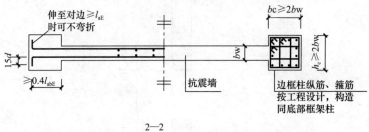

图 2-41 底部钢筋混凝土抗震墙的构造（二）

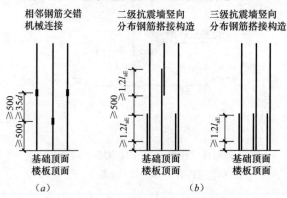

图 2-42 抗震墙竖向分布钢筋连接构造

（a）机械连接；（b）搭接连接

2.4.4　底层约束砖砌体抗震墙

（1）砖墙厚不应小于240mm，砌筑砂浆强度等级不应低于M10，应先砌墙后浇框架。

（2）沿框架柱每隔300mm配置2φ8水平钢筋和φ4分布短筋平面内点焊组成的拉结网片，并沿砖墙水平通长设置；在墙体半高处尚应设置与框架柱相连的钢筋混凝土水平系梁。

（3）墙长大于4m时和洞口两侧，应在墙内增设钢筋混凝土构造柱。

（4）底层约束砖砌体抗震墙如图2-43所示。

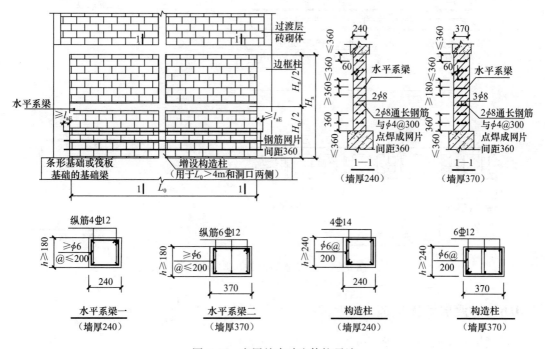

图2-43　底层约束砖砌体抗震墙

2.4.5　底层约束小砌块砌体抗震墙

（1）墙厚不应小于190mm，砌筑砂浆强度等级不应低于Mb10，应先砌墙后浇框架。

（2）沿框架柱每隔400mm配置2φ8水平钢筋和φ4分布短筋平面内点焊组成的拉结网片，并沿砌块墙水平通长设置；在墙体半高处尚应设置与框架柱相连的钢筋混凝土水平系梁，系梁截面不应小于190mm×190mm，纵筋不应小于4⊈12，箍筋直径不应小于φ6，间距不应大于200mm。

（3）墙体在门、窗洞口两侧应设置芯柱，墙长大于4m时，应在墙内增设芯柱，芯柱应符合多层小砌块房屋的芯柱的有关规定；其余位置，宜采用钢筋混凝土构造柱替代芯柱，钢筋混凝土构造柱应符合多层砌体房屋抗震结构措施的有关规定。

（4）底层约束小砌块砌体抗震墙如图2-44所示。

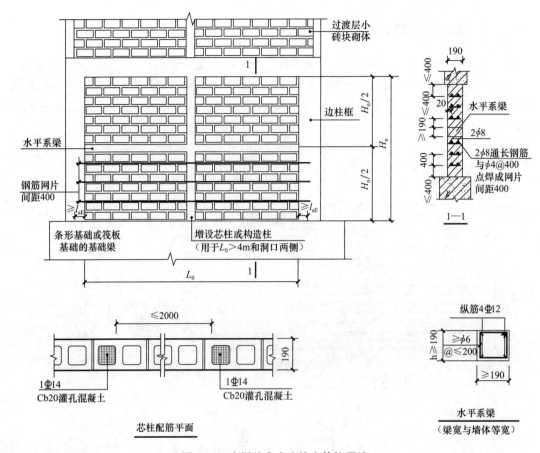

图 2-44　底层约束小砌块砌体抗震墙

2.4.6　过渡层墙体构造

过渡层墙体的构造（图 2-45），应符合下列要求：

（1）上部砌体墙的中心线宜与底部的框架梁、抗震墙的中心线相重合；构造柱或芯柱宜与框架柱上下贯通。

（2）过渡层应在底部框架柱、混凝土墙或约束砌体墙的构造柱所对应处设置构造柱或芯柱（图 2-46）；墙体内的构造柱间距不宜大于层高；芯柱除满足多层小砌块房屋芯柱设置的要求外，最大间距不宜大于 1m。

（3）过渡层构造柱（图 2-47）的纵向钢筋，6、7 度时不宜少于 4Φ16，8 度时不宜少于 4Φ18。过渡层芯柱的纵向钢筋，6、7 度时不宜少于每孔 1Φ16，8 度时不宜少于每孔 1Φ18。一般情况下，纵向钢筋应锚入下部的框架柱或混凝土墙内；当纵向钢筋锚固在托墙梁内时，托墙梁的相应位置应加强。

（4）过渡层的砌体墙在窗台标高处，应设置沿纵横墙通长的水平现浇钢筋混凝土带（图 2-48）；其截面高度不小于 60mm，宽度不小于墙厚，纵向钢筋不少于 2ϕ10，横向分布筋的直径不小于 6mm 且其间距不大于 200mm。此外，砖砌体墙在相邻构造柱间的墙体，应沿墙高每隔 360mm 设置 2ϕ6 通长水平钢筋和 ϕ4 分布短筋平面内点焊组成的拉结网片或

$\phi 4$ 点焊钢筋网片，并锚入构造柱内；小砌块砌体墙芯柱之间沿墙高应每隔 400mm 设置 $\phi 4$ 通长水平点焊钢筋网片。

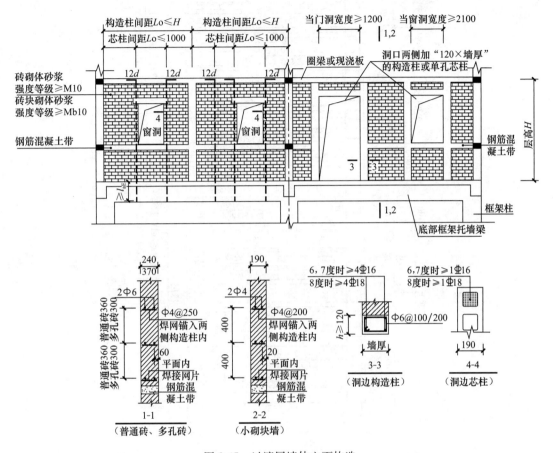

图 2-45　过渡层墙体立面构造

图 2-46　构造柱和芯柱配筋平面

（a）构造柱配筋平面；（b）芯柱配筋平面

当大梁为现浇或预制的矩形梁时，构造如图 2-49a 所示；当大梁为预制的花篮梁时，构造如图 2-49b 所示。

（5）过渡层的砌体墙，凡宽度不小于 1.2m 的门洞和 2.1m 的窗洞，洞口两侧宜增设截面不小于 120mm×240mm（墙厚 190mm 时为 120mm×190mm）的构造柱或单孔芯柱。

（6）当过渡层的砌体抗震墙与底部框架梁、墙体不对齐时，应在底部框架内设置托墙转换梁，并且过渡层砖墙或砌块墙应采取比（4）更高的加强措施。

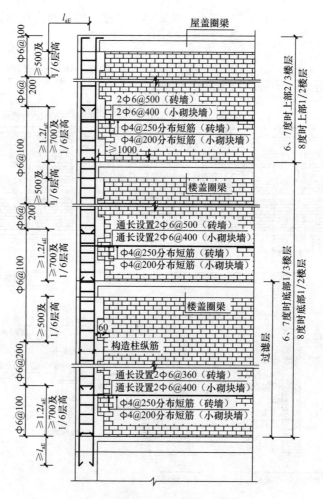

图 2-47 过渡层构造柱

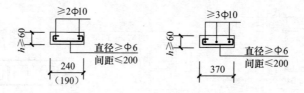

图 2-48 钢筋混凝土带

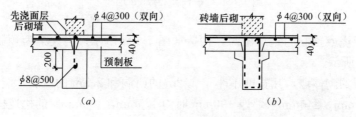

图 2-49 整体配筋面层
(a) 矩形梁；(b) 花篮梁

2.4.7 砌体填充墙与底部框架柱的拉结

砌体填充墙与底部框架柱的拉结如图 2-50 所示。

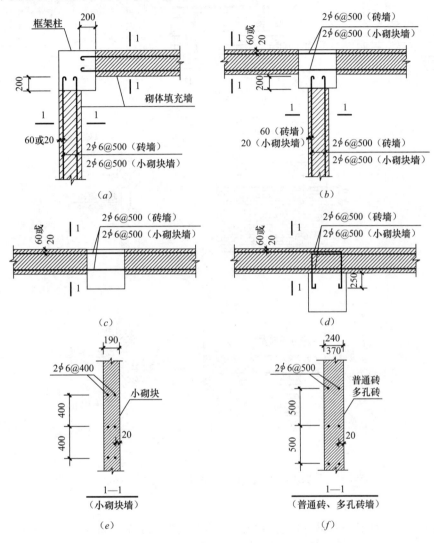

图 2-50 砌体填充墙与底部框架柱的拉结

（*a*）转角墙；（*b*）丁字墙；（*c*）一字墙；（*d*）一字墙在柱外侧；（*e*）1-1（小砌块墙）；（*f*）1-1（普通砖、多孔砖墙）

（1）砖砌体或小砌块砌体的填充墙，应沿框架柱全高每隔 500～600mm 设 2ϕ6 拉筋，拉筋伸入墙内的长度，6、7 度时宜沿墙全长贯通，8、9 度时应全长贯通。

（2）砌体的砂浆强度等级不应低于 M5；实心块体的强度等级不宜低于 MU2.5，空心块体的强度等级不宜低于 MU3.5；墙顶应与框架梁密切结合。

2.4.8 砌体填充墙的顶部拉结

砌体填充墙的顶部拉结如图 2-51 所示。

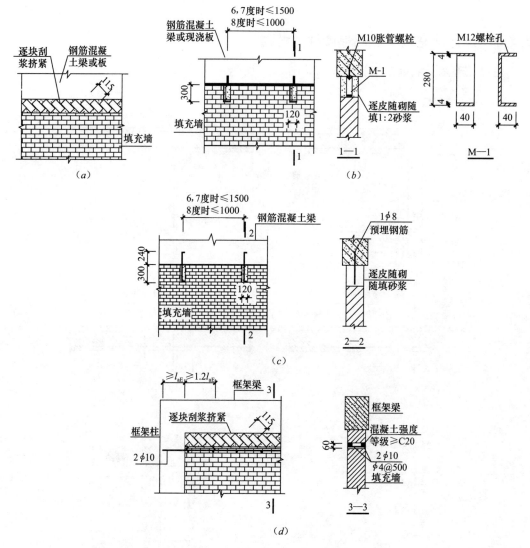

图 2-51　砌体填充墙的顶部拉结

(a) 6度；(b)、(c) 6～8度；(d) 7、8度

　　墙长大于5m时墙顶与梁、板宜有拉结；墙长超过8m或层高2倍时，宜设置钢筋混凝土构造柱；墙高超过4m时，墙体半高处宜设置与柱连接且沿墙全长贯通的钢筋混凝土水平系梁。

2.5　砌体房屋抗震构造实例

2.5.1　某15层配筋砌块住宅

1. 工程概况

　　该住宅楼为塔式建筑（图 2-52），主体为14层，局部15层，典型层建筑面积为

$500m^2$，总建筑面积为 $7000m^2$；底层层高为 $4.4m$，典型层层高为 $3m$，建筑总高度为 $46m$。该工程位于Ⅲ类场地、7 度抗震设防区。

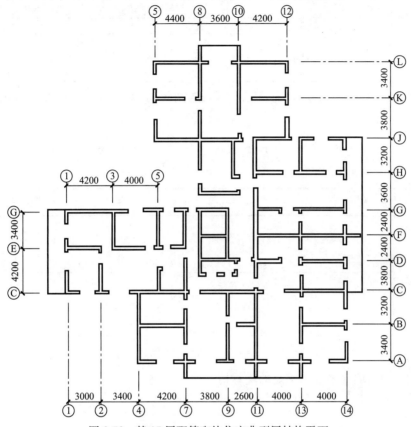

图 2-52　某 15 层配筋砌块住宅典型层结构平面

2. 墙体材料

（1）除电梯井部分墙体采用 C20 现浇钢筋混凝土外，其余承重墙均采用 190mm 宽混凝土空心砌块的配筋砌体；外墙采用内贴 150mm 厚加气混凝土保温。

（2）屋盖和各层楼盖均采用 80～100mm 厚现浇钢筋混凝土楼板。

（3）各楼层承重墙的砌体材料强度等级及灌孔率列于表 2-12。

配筋砌块承重墙的砌体材料强度等级　表 2-12

楼层序号	砌块	砂浆	灌孔混凝土	砌块灌孔率
15 层	MU10	Mb10	Cb20	66%
9～14 层	MU10	Mb10	Cb20	33%
3～8 层	MU15	Mb15	Cb25	66%
1、2 层	MU20	Mb20	Cb30	100%

注：33%～66% 的灌孔率不包括墙体边缘构件部位的灌孔混凝土。

3. 墙体配筋

（1）配筋砌块剪力墙的配筋，除按承载力验算结果确定外，首先应满足《砌体结构设计规范》GB 50003—2011 所规定的构造要求。构造配筋包括墙体水平、竖向分布钢筋及墙端 600mm 范围内的竖向集中配筋。根据此工程的结构抗震等级为二级，按构造要求确定的墙体配筋数量列于表 2-13。

砌块墙体的钢筋设置　　　　　　　　　　　　　　　　表 **2-13**

楼层序号	墙体部位	水平钢筋及配筋率		竖向钢筋及配筋率	
13～15 层	全部	2 Φ 10	0.103%	Φ 16	0.132%
3～12 层	外墙转角（包括内角）	2 Φ 10	0.103%	Φ 16	—
	其余部位	2 Φ 10	0.103%	Φ 14	0.101%
1、2 层	全部	2 Φ 12	0.149%	Φ 16	0.132%

（2）墙体竖向分布钢筋均匀配置时，钢筋的间距均为 800mm。如图 2-53 所示为砌块剪力墙竖向钢筋的配置情况。

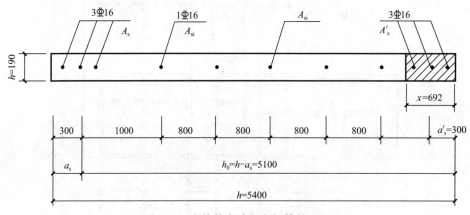

图 2-53　砌块剪力墙竖向钢筋的配置

（3）砌块剪力墙水平分布钢筋的配置情况如图 2-54 所示。

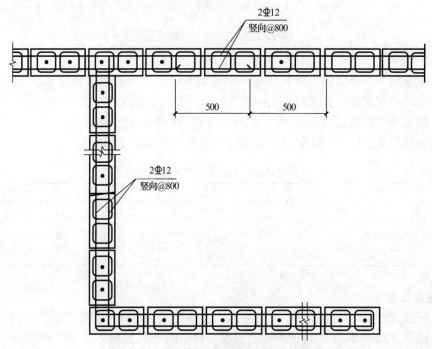

图 2-54　砌块剪力墙水平分布钢筋的配置

4. 砌块剪力墙的连梁

砌块剪力墙的连梁采用楼盖处钢筋混凝土圈梁和砌块组合而成，连梁的截面和配筋如图 2-55 所示。

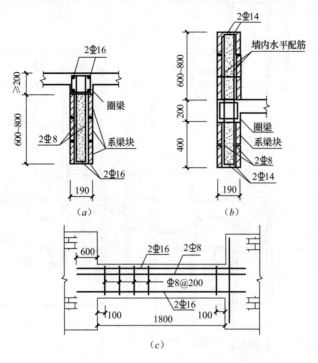

图 2-55　砌块剪力墙连梁的截面和配筋
(*a*) 内墙；(*b*) 外墙；(*c*) 内墙连梁立面

2.5.2　某 18 层配筋砌块住宅

1. 工程概况

该住宅楼抗震设防烈度为 8 度，Ⅱ类场地，采用塔式建筑，一梯八户，结构平面如图 2-56 所示，典型层建筑面积为 633m²，总建筑面积为 13360m²；地下两层，地下一层为自行车库，地下二层为人防；典型层的层高为 2.8m，大楼主体屋面高度为 50.8m。

2. 墙体材料

（1）除楼、电梯间采用现浇钢筋混凝土墙体外，其余墙体均采用小型混凝土空心砌块砌筑。

（2）为满足建筑热工要求，外墙采用复合夹心墙（图 2-57），其内叶承重墙采用 190mm（宽度）砌块，外叶自承重墙采用 90mm 宽装饰砌块，为保证内、外叶墙之间的拉结，沿墙高每隔 400mm（两皮砌块高度）设置一道 φ4 镀锌钢筋网片；内、外叶墙之间的空腔，随后浇注氮尿素发泡保温材料。

（3）承重内墙采用 190mm（宽度）砌块，各楼层墙体根据承载力要求采用不同的砌块灌孔率。自承重内墙采用 90mm（宽度）砌块，不灌孔。

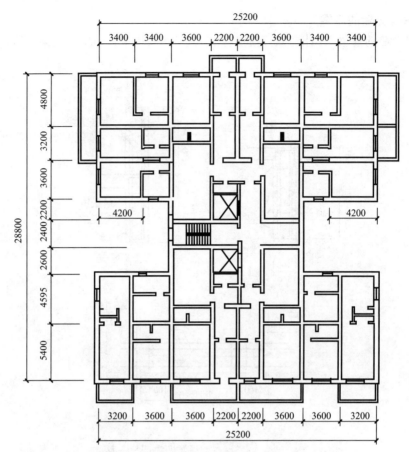

图 2-56 某 18 层配筋砌块住宅结构平面

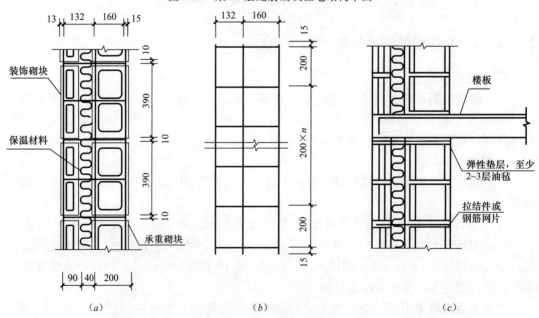

图 2-57 复合夹心保温墙

(a) 墙体水平剖面；(b) 拉接钢筋网片；(c) 墙体竖向剖面

（4）各楼层内、外承重墙的砌块、砂浆和灌孔混凝土的强度等级列于表 2-14。

结构墙体材料及配筋　　　　　　　　　　　　表 2-14

层数	砌块	砂浆	灌孔混凝土	砌体强度 MPa		边缘构件配筋		竖向钢筋	水平钢筋	灌孔率
				f_g	f_{vg}	竖筋	箍筋			
1~5	MU20	Mb20	Cb40	11.57	0.76	每孔 1 Φ 22	每孔 1 Φ 8 竖向间距 200	Φ 18@400	2 Φ 14@400	全部灌实
6~9	MU20	Mb20	Cb40	11.57	0.76	每孔 1 Φ 20	每孔 1 Φ 8 竖向间距 200	Φ 18@400	2 Φ 12@400	全部灌实
10~14	MU15	Mb15	Cb30	6.58	0.56	每孔 1 Φ 20	每孔 1 Φ 8 竖向间距 200	Φ 16@400	2 Φ 1@600	竖向孔洞每灌实一孔空一孔，水平方向每灌实一皮空二皮
15~17	MU10	Mb10	Cb20	5.43	0.51	每孔 1 Φ 18	每孔 1 Φ 8 竖向间距 200	Φ 16@400	2 Φ 12@600	竖向孔洞每灌实一孔空一孔，水平方向每灌实一皮空二皮
18	MU10	Mb10	Cb20	5.43	0.51	每孔 1 Φ 20	每孔 1 Φ 8 竖向间距 200	Φ 18@400	2 Φ 12@400	全部灌实
19~20	MU10	Mb10	Cb20	5.43	0.51	每孔 1 Φ 18	每孔 1 Φ 8 竖向间距 200	Φ 16@400	2 Φ 12@400	全部灌实

3. 墙体分布配筋

（1）按照《砌体结构设计规范》GB 50003—2011 的规定，底部三层和顶层的墙体属加强部位。

（2）墙体分布配筋，因本工程为一级抗震等级，其水平和竖向最小配筋率 μ_{min} 均为 0.13%。考虑到本工程按 8 度设防，应适当提高配筋率，加强部位墙体，水平方向采用 2 Φ 14@400，μ = 0.41%；竖向采用 1 Φ 18@400，μ = 0.33%；一般部位墙体，水平方向采用 2 Φ 12@400 和 2 Φ 12@600 两档，μ = 0.30% 和 0.20%；竖向采用 1 Φ 16@400，μ = 0.26%。各楼层内、外承重砌块墙的水平、竖向分布钢筋列于表 2-14。

4. 墙体边缘构件配筋

（1）为提高墙体的延性和弯剪承载力，按《砌体结构设计规范》GB 50003—2011 的规定，在下列部位砌块竖孔内集中配置竖向钢筋：

1）墙尽端，内墙连梁洞口每侧的 3 个孔，外墙洞口每侧的 2 个孔，其余洞门每侧 1~2 个孔。

2）L 形转角处的 5 个孔。

3）T 形转角处的 7 个孔。

（2）上述部位竖孔内的配筋，底部加强区段为 Φ 22，其余部位为 Φ 20 或 Φ 18。具体配筋情况见表 2-14。

2.5.3 某18层配筋砌块剪力墙住宅构造实例

1. 工程概况

该工程采取塔式平面（图2-58），典型层建筑面积为570m²，总建筑面积为10980m²；地下一层，层高2.9m；地上18层，局部20层，层高2.8m；大屋面的标高为51.4m，房屋高宽比为2.16。设防烈度为7度，Ⅳ类场地。

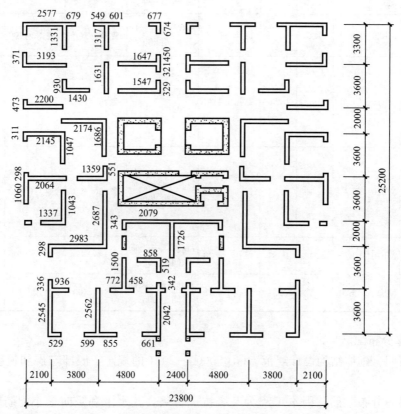

图2-58 某18层配筋砌块剪力墙住宅结构平面

2. 墙体材料

（1）电梯井墙体、楼梯间墙体、局部独立小墙肢、独立柱以及地下室墙体，均采用现浇钢筋混凝土结构。各楼层的墙体和构件的材料强度等级见表2-15。

各楼层的墙体和构件的材料强度等级　　表 2-15

楼层	砌块砌体						混凝土构件
	砌块	砂浆	灌孔混凝土	抗压强度/MPa	弹性模量/MPa	抗剪强度/MPa	
地下室	—	—	—	—	—	—	C30
1~3	MU20	Mb30	Cb40	1.29（11.46）	2.1×10⁴（1.95×10⁴）	0.76	C25
4~18	MU15	Mb25	Cb35	10.5（10.02）	1.71×10⁴（1.7×10⁴）	0.71	C20

注：表中括号内数据系按《砌体结构设计规范》GB 50003—2011公式计算值。

（2）砌体剪力墙从底层至顶层均采用全灌孔190mm厚砌块墙体。各楼层的砌块、砂浆、灌孔混凝土以及混凝土构件的材料强度等级列于表2-15。

（3）屋盖和各层楼盖均采用现浇钢筋混凝土楼板，各楼层圈梁兼作剪力墙墙肢的弱连梁，截面尺寸采取 190mm×400mm。

3. 墙体分布钢筋

（1）竖向钢筋为单排布置，最大水平间距为 400mm，最小直径为Φ12；墙体最小配筋率，一般部位为 0.14%，加强部位为 0.18%。

（2）水平钢筋在凹槽内，宜双排布置，每隔 400mm 设 φ6 拉筋；水平钢筋的竖向间距为 600mm，最小直径为 10mm；墙体最小配筋率，一般部位为 0.14%，加强部位为 0.18%。

（3）各楼层砌块墙体的水平和竖向分布钢筋的配置情况，列于表 2-16。

砌块剪力墙的配筋　　　　　　　　　　　　　　　　　　　　表 2-16

层位	节点集中竖向配筋	分部配筋及含钢率（%）			
		竖筋		水平筋	
底层～5 层	Φ22@200	Φ16@400	0.26%	2Φ10@200	0.41%
5 层～18 层	Φ20@200	Φ16@400	0.26%	2Φ10@400	0.20%
18 层～屋面	Φ22@200	Φ16@400	0.26%	2Φ10@200	0.41%

4. 墙体边缘构件集中配筋

（1）为提高墙体的延性和抗震能力，在下列部位集中配筋：

① 墙尽端的 3 个孔。

② L 形转角处的 5 个孔。

③ T 形交接处的 7 个孔（图 2-59）。

（2）节点芯柱构造钢筋的配筋率，一般部位不小于 0.55%A_c；底部加强部位不小于 0.7%A_c，A_c 为节点区水平截面面积。

（3）在节点芯柱区，每孔配置 φ6@200 约束箍筋，边长 150mm，角部直角搭接 60mm+60mm。

（4）各楼层的节点集中竖向配筋情况，列于表 2-16。

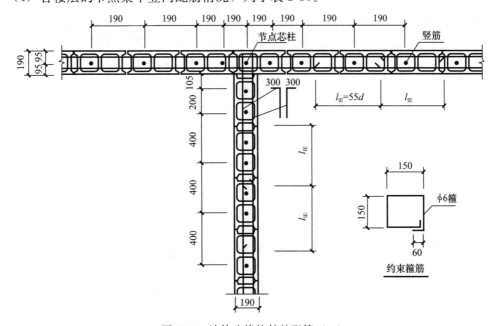

图 2-59 墙体边缘构件的配筋（一）

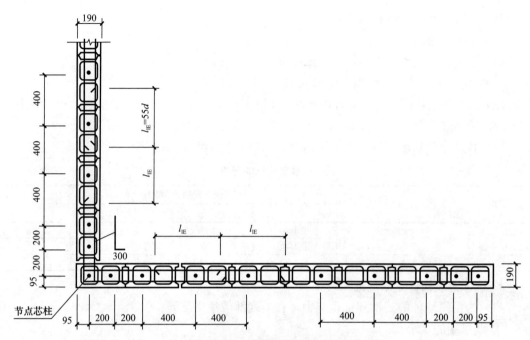

图 2-59 墙体边缘构件的配筋（二）

3 单层工业厂房抗震构造

3.1 单层工业厂房的构成

单层工业厂房的结构体系主要由屋盖结构、柱和基础三大部分组成。设置天窗单跨单层工业厂房的结构组成如图 3-1 所示。

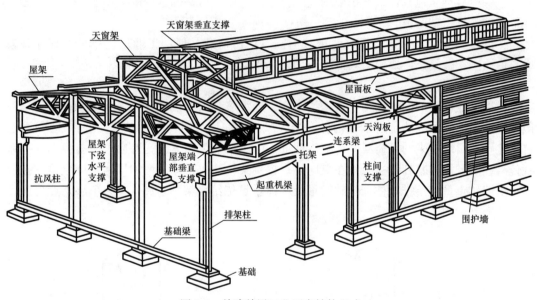

图 3-1 单跨单层工业厂房结构组成

1. 屋盖结构

不设天窗的无檩体系房屋的屋盖结构主要由屋面板、屋架或屋面大梁，以及工艺要求需要取消某些排架柱时为了支承屋架并有效传递内力而设置的托架等组成。设天窗的无檩体系的房屋，由于天窗在厂房中部局部升高了屋面，所以比无檩体系的厂房多出了天窗屋面板、天窗架等结构构件。屋顶在建筑上具有维护作用，将室外空间和厂房内的空间有效分隔；在结构上具有承受自重以及屋面雪荷载、风荷载、积灰荷载以及施工和检修荷载的作用。

2. 起重机梁

起重机梁是支承在牛腿柱上用以安装起重机轨道，确保起重机安全可靠地在厂房纵向和横向运行的梁，它承受起重机起重瞬间和运行时产生的动荷载，将纵向刹车制动力和横向刹车力有效传给厂房排架体系；在连接各榀排架确保厂房空间整体性方面具有重要作用。

3. 柱

柱是厂房结构中主要的受力构件之一，承受屋盖结构、起重机梁、连系梁、圈梁、支撑体系和自重等传来的全部竖向荷载，并传至基础；在地震、大风等突发事件中起承受和传递内力的作用。

4. 支撑

支撑体系中包括屋盖支撑及柱间支撑两大类。屋盖支撑的作用主要是保证施工阶段屋架就位后的安全，厂房结构投入使用后传递山墙风荷载、起重机纵向刹车制动力、传递地震作用引起的惯性力，增加厂房结构的整体性和空间刚度。柱间支撑的主要作用是平衡厂房纵向排架体系传来的水平力，并将这些作用力有效地传递到基础，平衡于大地。

5. 基础

基础不但承受柱传来的上部荷载，还承受压在杯口顶面上的基础梁传来的墙体荷载，并将这些荷载传至地基，最终扩散到大地。单层工业厂房基础常用的类型主要为柱下独立杯形基础和桩基础两类。

杯形基础适用于地基土质好、承载力高、厂房荷载一般的工业厂房；当上部荷载较大，地质土构造复杂，地耐力较低时适用桩基础。

6. 围护结构

单层工业厂房的围护结构主要是指山墙、外纵墙、山墙抗风柱、连系梁和基础等。一般情况下山墙和外纵墙是自承重构件，当大风作用在墙面时，它可以承受并传递风荷载。抗风柱承受山墙传来的风荷载并传给山墙部位的屋架上弦和下弦，并通过屋盖纵向支撑系统传给柱间支撑和基础。连系梁在纵向将每榀排架拉结成整体，增加厂房空间刚度，在竖向承受墙体重量传给排架柱；基础梁承受墙体重量传给排架柱，图 3-2 为单层工业厂房常用的杯形基础图。

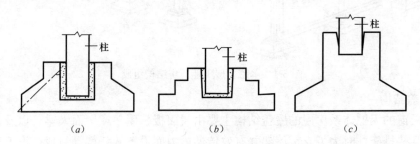

图 3-2 杯形基础
(a) 锥形；(b) 阶梯形；(c) 高杯口形

3.2 屋架与柱连接构造与应用

3.2.1 混凝土屋架、屋面梁与钢筋混凝土柱的焊缝连接（6、7度）

混凝土屋架、屋面梁与钢筋混凝土柱的焊缝连接（6、7度）如图 3-3 所示。

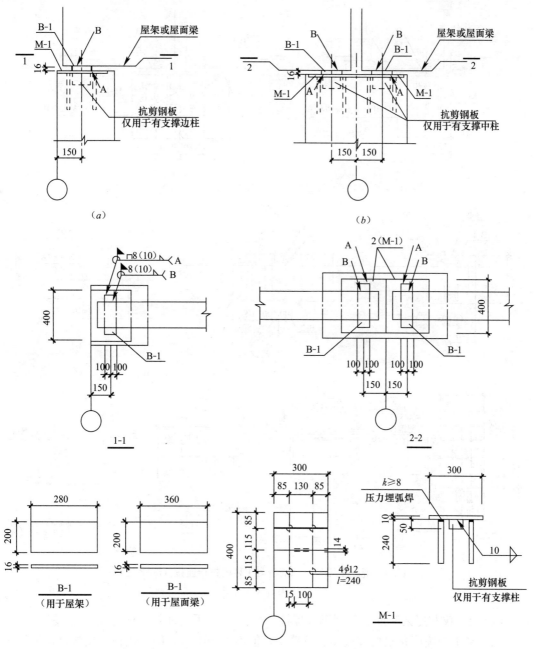

图 3-3　混凝土屋架、屋面梁与钢筋混凝土柱的焊缝连接（6、7 度）

（a）边柱；（b）中柱

（1）M-1 的锚筋和锚板按抗震验算确定，但不少于图示锚筋数值。锚板厚度按抗震验算确定，但不小于图示厚度。

（2）所有连接件均采用 Q235-B 钢，焊条采用 E43 型，未注明处均为满焊。

3.2.2　混凝土屋架与钢筋混凝土柱的螺栓连接（6～8 度）

混凝土屋架与钢筋混凝土柱的螺栓连接（6～8 度）如图 3-4 所示。

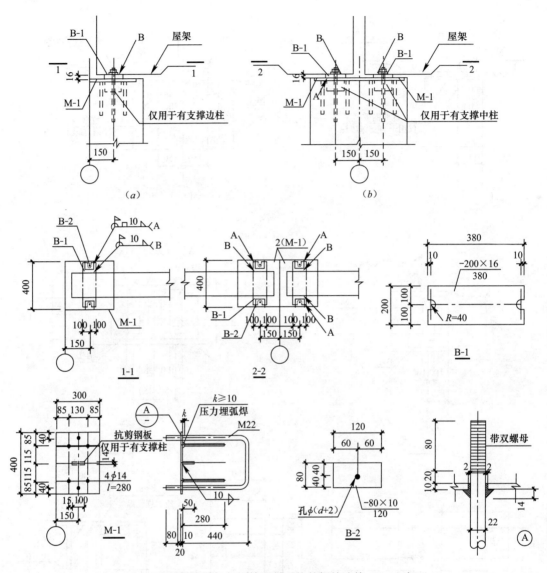

图 3-4　混凝土屋架与钢筋混凝土柱的螺栓连接（6～8 度）

(a) 边柱；(b) 中柱

（1）B-1 仅与屋架底面的预埋钢板焊接（焊缝 B），不允许与柱顶的 M-1 焊接。

（2）M-1 的锚筋和锚板按抗震验算确定，但不少于图示数值。锚板厚度按抗震验算确定，但不小于图示厚度。

（3）所有连接件均采用 Q235-B 钢，焊条采用 E43 型，未注明处均为满焊。

3.2.3　混凝土屋架、屋面梁与钢筋混凝土柱的板铰连接（9 度）

混凝土屋架、屋面梁与钢筋混凝土柱的板铰连接（9 度）如图 3-5 所示。

（1）板铰连接的安装顺序为：

1）B-1 焊于 M-1 之上（焊缝 A）。

2）用螺栓将 B-1 与 B-2 连接。

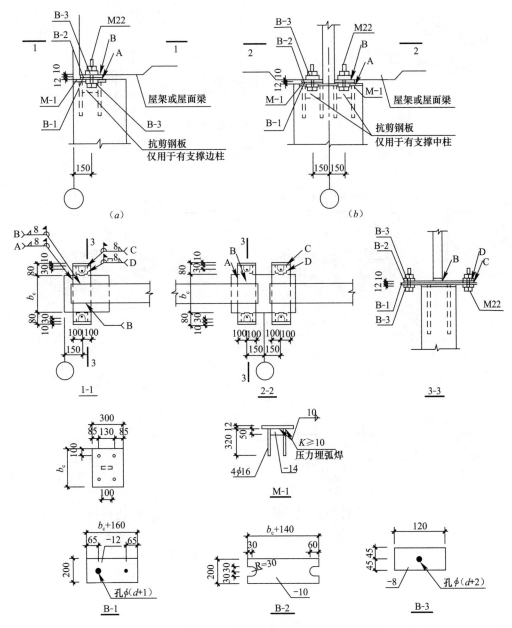

图 3-5 混凝土屋架、屋面梁与钢筋混凝土柱的板铰连接（9度）

（a）边柱；（b）中柱

3）待屋架定位后，将屋架端头底板钢板与 B-2 焊接（焊缝 B）。

（2）b_c 为边柱和中柱的顶部截面边长，按工程设计图纸确定。

（3）埋件锚筋按抗震验算确定，但不少于图示数量。锚板厚度按抗震验算确定，但不小于图示厚度。

3.2.4 低跨混凝土屋架与钢筋混凝土牛腿的焊缝连接（6、7度）

低跨混凝土屋架与钢筋混凝土牛腿的焊缝连接（6、7度）如图 3-6 所示。

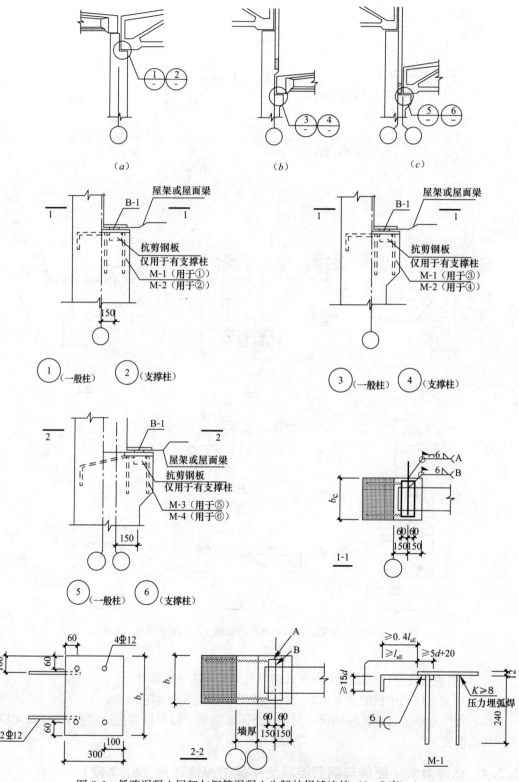

图 3-6 低跨混凝土屋架与钢筋混凝土牛腿的焊缝连接（6、7 度）（一）

（a）柱肩；（b）窄牛腿；（c）宽牛腿

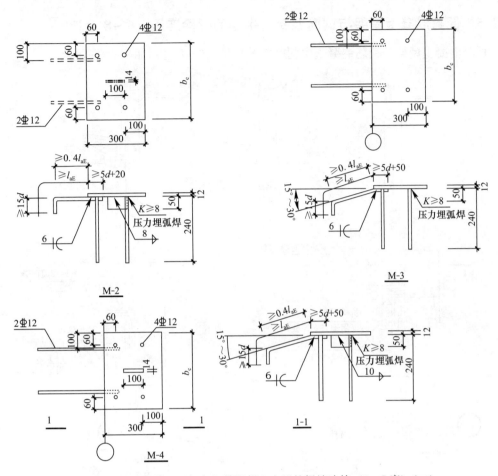

图 3-6 低跨混凝土屋架与钢筋混凝土牛腿的焊缝连接（6、7度）（二）

（1）b_c 为柱的截面短边边长，按工程设计图纸确定。

（2）节点①、③、⑤用于一般的中柱，②、④、⑥用于低跨设置柱间支撑的中柱。

（3）板 B-1 为 -120×16（$L = 360$）。

（4）M-1～M-4 的锚筋按抗震验算确定，但不少于图示数量。埋件焊缝做法如图 3-7 所示。锚板厚度按抗震验算确定，但不小于图示厚度。

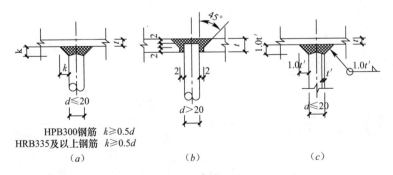

图 3-7 埋件焊缝做法

（a）压力埋弧焊详图；（b）穿孔塞焊详图；（c）电弧焊详图

3.2.5 低跨混凝土屋架与钢筋混凝土牛腿的螺栓连接（6～8度）

低跨混凝土屋架与钢筋混凝土牛腿的螺栓连接（6～8度）如图3-8所示。

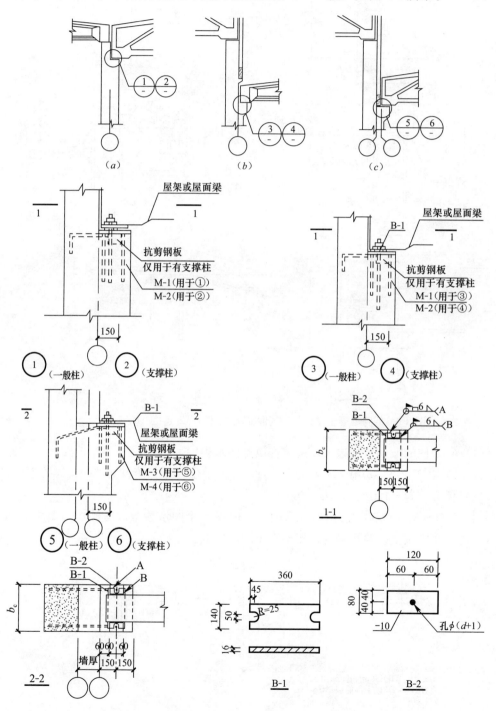

图 3-8 低跨混凝土屋架与钢筋混凝土牛腿的螺栓连接（6～8度）（一）

(a) 柱肩；(b) 窄牛腿；(c) 宽牛腿

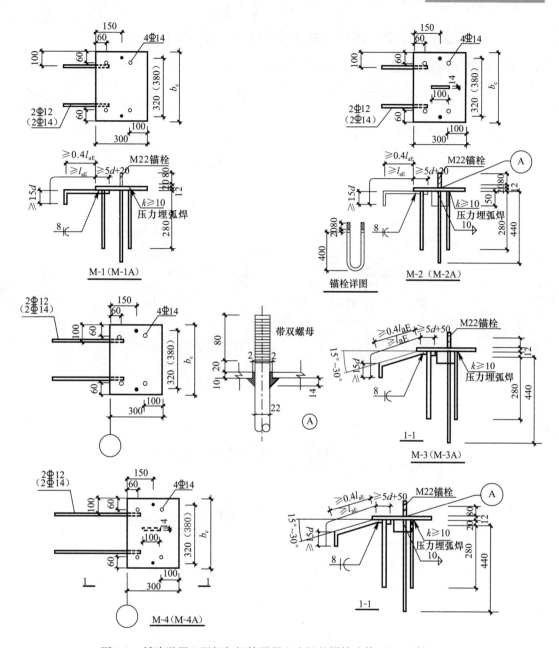

图 3-8 低跨混凝土屋架与钢筋混凝土牛腿的螺栓连接（6～8 度）（二）

（1）B-1 仅与屋架底面的预埋钢板焊接（焊缝 B），不允许与柱顶的 M-1 或 M-2 焊接。

（2）b_c 为柱的截面短边边长，按工程设计图纸确定。

（3）节点①、③、⑤用于一般的柱，②、④、⑥用于 6～8 度时低跨设置柱间支撑。

（4）M-1～M-4 用于跨度 24m 的屋架；M-1A～M-4A 用于屋面梁和跨度等于或大于 24m 的屋架。

（5）M-1～M-4 和 M-1A～M-4A 中的水平锚筋按抗震验算结果确定，但不少于图示的 2Φ12（6～7 度）或 2Φ14（8 度）。锚板厚度按抗震验算确定，但不小于图示厚度。

（6）埋件焊缝做法如图 3-7 所示。

3.2.6 低跨混凝土屋架与钢筋混凝土牛腿的板铰连接（9度）

低跨混凝土屋架与钢筋混凝土牛腿的板铰连接（9度）如图 3-9 所示。

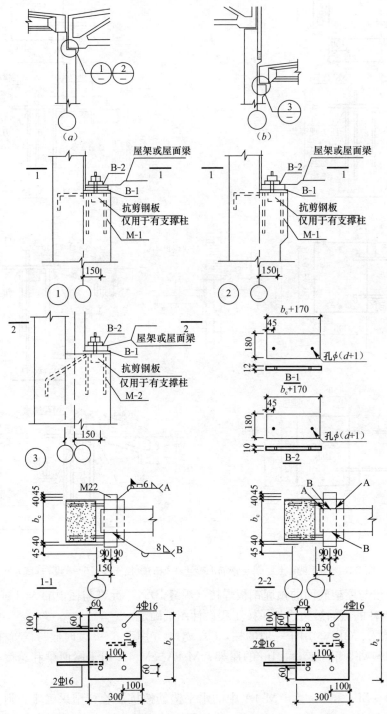

图 3-9 低跨混凝土屋架与钢筋混凝土牛腿的板铰连接（9度）（一）

（a）柱肩；（b）窄牛腿

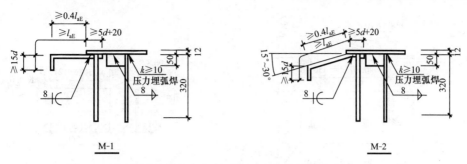

图 3-9 低跨混凝土屋架与钢筋混凝土牛腿的板铰连接（9 度）（二）

（1）钢板铰连接的安装顺序为：

1）B-1 焊于 M-1 之上（焊缝 A）。

2）用螺栓将 B-1 与 B-2 连接。

3）待屋架定位后，将屋架端头底板钢板与 B-2 焊接（焊缝 B）。

注意 B-1 与 B-2 之间不施焊。

（2）M-1、M-2 中水平钢筋按抗震验算结果确定，但不少于图示数量。锚板厚度按抗震验算确定，但不小于图示厚度。

（3）埋件焊缝做法如图 3-7 所示。

3.2.7 钢筋混凝土抗风柱与混凝土屋面梁的连接（6～9 度）

钢筋混凝土抗风柱与混凝土屋面梁的连接（6～9 度）如图 3-10 所示。

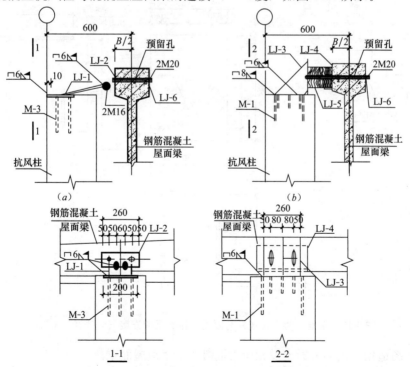

图 3-10 钢筋混凝土抗风柱与混凝土屋面梁的连接（6～9 度）（一）

（*a*）抗风柱与混凝土屋面梁安装节点（6～8 度）；（*b*）抗风柱与混凝土屋面梁安装节点（8 度Ⅲ、Ⅳ类场地及 9 度推荐使用）

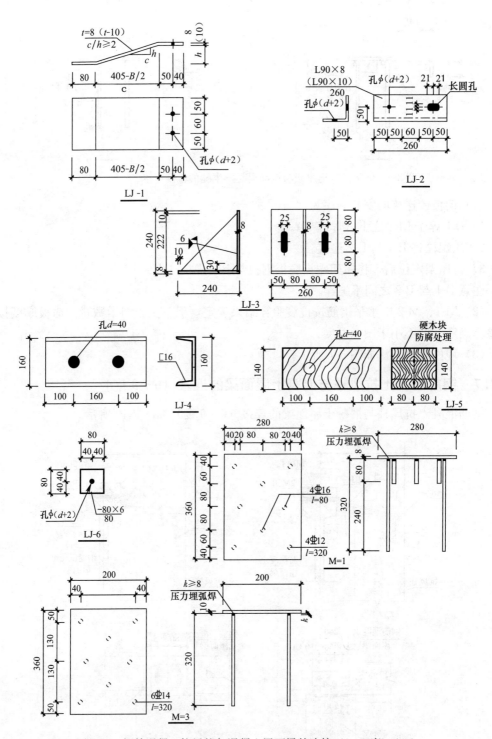

图 3-10 钢筋混凝土抗风柱与混凝土屋面梁的连接（6～9度）（二）

（1）该图适用于钢筋混凝土及预应力混凝土工字形屋面梁。

（2）图中 LJ-2 的开孔定位可按照屋面梁斜度相应调节。

（3）图中连接件括号内数值仅适用于抗震设防烈度为 8 度区。

（4）所有连接件均采用 Q235-B，焊条采用 E43 型，未注明处均为满焊。

（5）连接板 LJ-2 与屋面梁之间的螺栓连接，需由计算确定螺栓等级及直径。

（6）6、7 度时，LJ-1 与 LJ-2 可仅采用螺栓连接。

3.2.8 钢筋混凝土抗风柱与混凝土屋架的连接（6～8 度）

钢筋混凝土抗风柱与混凝土屋架的连接（6～8 度）如图 3-11 所示。

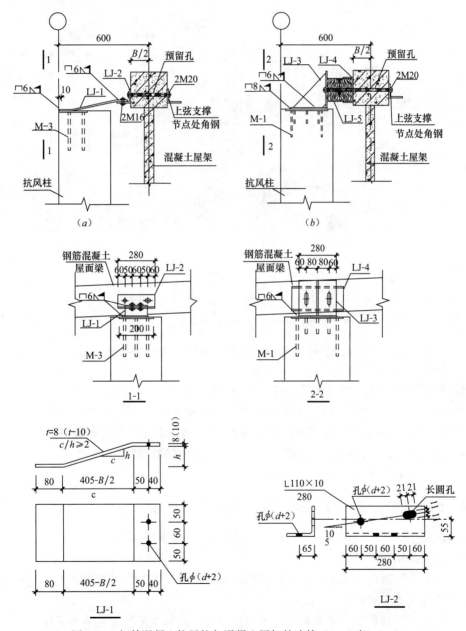

图 3-11　钢筋混凝土抗风柱与混凝土屋架的连接（6～8 度）（一）

（a）抗风柱与混凝土屋架安装节点（6～8 度）；

（b）抗风柱与混凝土屋架安装节点（8 度Ⅲ、Ⅳ类场地推荐使用）

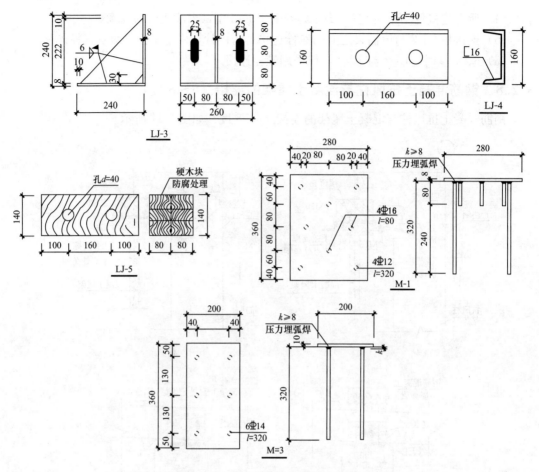

图 3-11　钢筋混凝土抗风柱与混凝土屋架的连接（6～8 度）（二）

（1）该图适用于钢筋混凝土及预应力混凝土屋架。

（2）图中 LJ-2 的开孔定位可按照屋架上弦斜度相应调节。

（3）所有连接件均采用 Q235-B，焊条采用 E43 型，未注明处均为满焊。

（4）连接板 LJ-2 与屋架之间的螺栓连接，需由计算确定螺栓等级及直径。

（5）6、7 度时，LJ-1 与 LJ-2 可仅采用螺栓连接。

3.2.9　钢筋混凝土抗风柱与钢屋架的连接（6～9 度）

钢筋混凝土抗风柱与钢屋架的连接（6～9 度）如图 3-12 所示。

（1）该图适用于钢屋架。

（2）图中为抗风柱与屋架连接节点，当抗风柱位置不在支撑连接节点时，应增设辅助支撑杆与支撑交叉节点相连。

（3）轻型屋面梯形钢屋架安装节点参照抗风柱与梯形钢屋架安装节点采用。

（4）轻型屋面梯形钢屋架（圆钢管、方钢管）、轻型屋面梯形钢屋架（剖分 T 型钢）安装节点参照抗风柱与梯形钢屋架安装节点采用，屋脊拼接处均无拼接角钢。

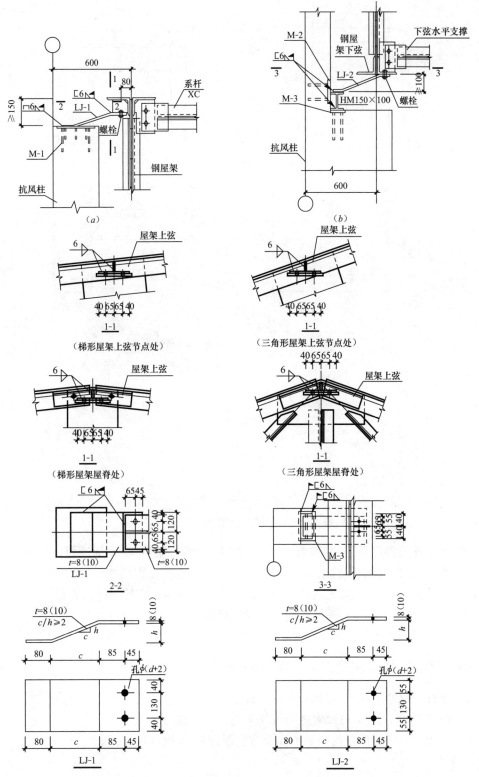

图 3-12　钢筋混凝土抗风柱与钢屋架的连接（6～9 度）（一）

（a）抗风柱与钢屋架上弦安装节点（6～9 度）；（b）抗风柱与钢屋架下弦安装节点（6～9 度）

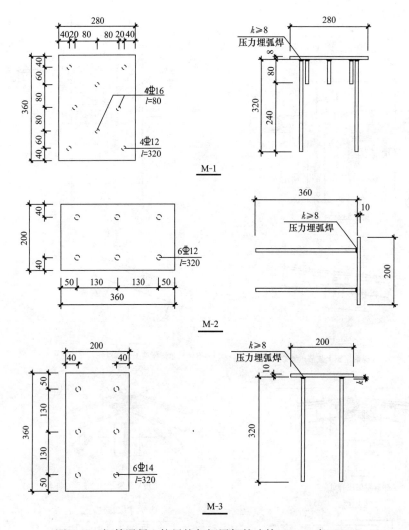

图 3-12　钢筋混凝土抗风柱与钢屋架的连接（6～9 度）（二）

（5）所有连接件均采用 Q235-B，焊条采用 E43 型，未注明处均为满焊。

（6）图中括号内数值仅适用于抗震设防烈度为 8、9 度区连接件。

（7）连接板 LJ-1 与屋架之间的螺栓连接，需由计算确定螺栓等级及直径。

（8）6、7 度时，LJ-1 与屋架之间可仅采用螺栓连接。

（9）埋件焊缝做法如图 3-7 所示。

3.2.10　钢抗风柱与钢屋架的连接（6～9 度）

钢抗风柱与钢屋架的连接（6～9 度）如图 3-13 所示。

（1）6、7 度时，LJ-7 与屋架之间可仅采用螺栓连接。

（2）图中括号内数值仅适用于抗震设防烈度为 8、9 度区连接件。

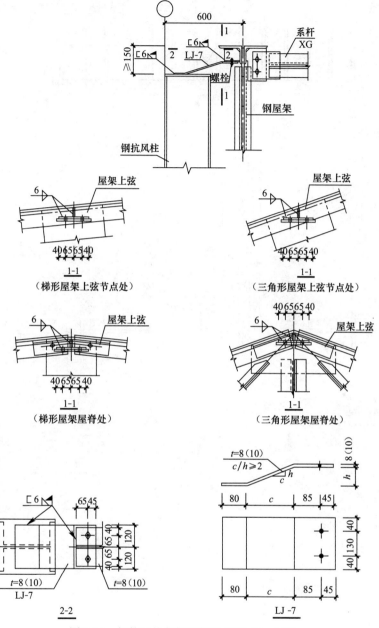

图 3-13　钢抗风柱与钢屋架的连接（6～9 度）

3.3　柱间支撑及节点构造与应用

3.3.1　Ⅰ型上柱支撑节点（6、7 度）

Ⅰ型上柱支撑节点（6、7 度）如图 3-14 所示。

（1）Ⅰ型柱间支撑节点系按"上柱支撑为单角钢，无压杆；下柱支撑为双槽钢，无压杆"绘制，适用于 6、7 度区。

（2）柱的截面宽度 b_c、高度 h_c 和下柱的双片支撑宽度 B，按工程设计图纸确定。

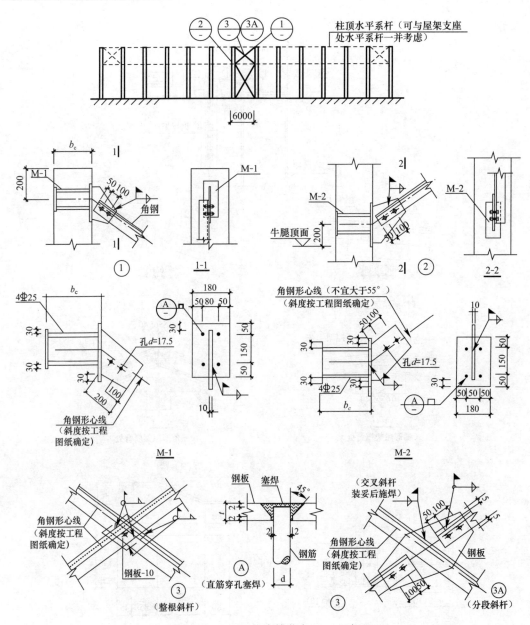

图 3-14 Ⅰ型上柱支撑节点（6、7度）

（3）钢板和角钢采用 Q235-B 钢，预埋件的锚筋采用 HRB335 级热轧钢筋。

（4）焊条采用 E43。

（5）安装螺栓采用 M16，钢板上的孔径为 17.5。

（6）支撑杆件、连接板、预埋件、焊缝应经抗震验算结果确定。

（7）柱间支撑杆件通过连接板同混凝土柱的预埋件焊接。

3.3.2　Ⅰ型下柱支撑节点（6、7度）

Ⅰ型下柱支撑节点（6、7度）如图 3-15 所示。

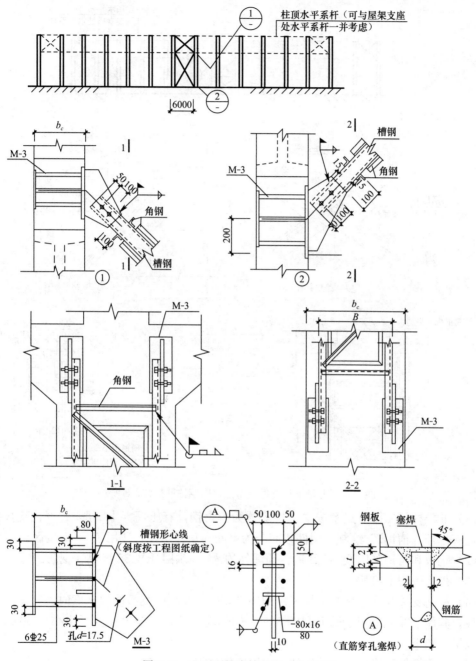

图 3-15　Ⅰ型下柱支撑节点（6、7 度）

（1）柱的截面宽度 b_c、高度 h_c 和下柱的双片支撑宽度 B，按工程设计图纸确定。

（2）钢板和角钢采用 Q235-B 钢，预埋件的锚筋采用 HRB335 级热轧钢筋。

（3）焊条采用 E43。

（4）安装螺栓采用 M16，钢板上的孔径为 17.5mm。

3.3.3　Ⅱ型下柱支撑上节点（圆钢锚筋）（7、8 度）

Ⅱ型下柱支撑上节点（圆钢锚筋）（7、8 度）如图 3-16 所示。

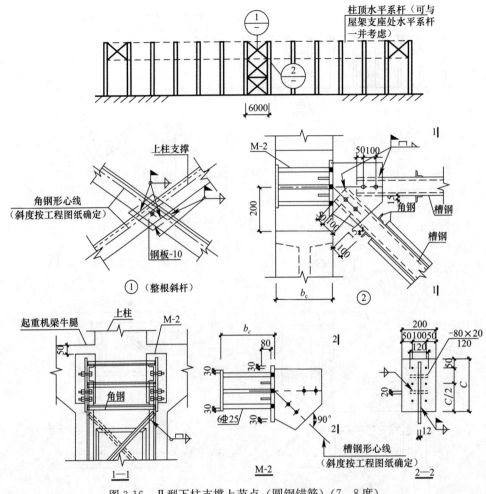

图 3-16 Ⅱ型下柱支撑上节点（圆钢锚筋）（7、8 度）

（1）Ⅱ类柱间支撑节点系按"上柱支撑为单角钢，有压杆（十字形）；下柱支撑为双槽钢，有压杆（槽钢）"绘制，埋件锚筋分为钢筋和角钢两种，适用于 7～9 度区。

（2）钢板和角钢采用 Q235-B 钢，预埋件的锚筋采用 HRB335 级热轧钢筋。

（3）焊条采用 E43 型。

（4）柱间支撑与柱连接节点预埋件的锚件，8 度Ⅲ、Ⅳ类场地和 9 度时，宜采用角钢加端板，其他情况可采用不低于 HRB335 级的热轧钢筋，但锚固长度不应小于 30 倍锚筋直径或增设端板。

（5）支撑杆件、连接板、预埋件、焊缝应经抗震验算确定。

（6）交叉支撑在交叉点应设置节点板，其厚度不应小于 10mm，斜杆与交叉节点板应焊接，与端节点板宜焊接。

3.3.4 钢柱厂房柱间支撑节点（6、7 度）

钢柱厂房柱间支撑节点（6、7 度）如图 3-17 所示。6、7 度时，钢柱柱间支撑节点系按"上、下柱间支撑均为单角钢，压杆为十字形角钢"绘制。柱间支撑处节点板厚度计算时，应考虑平面外稳定。

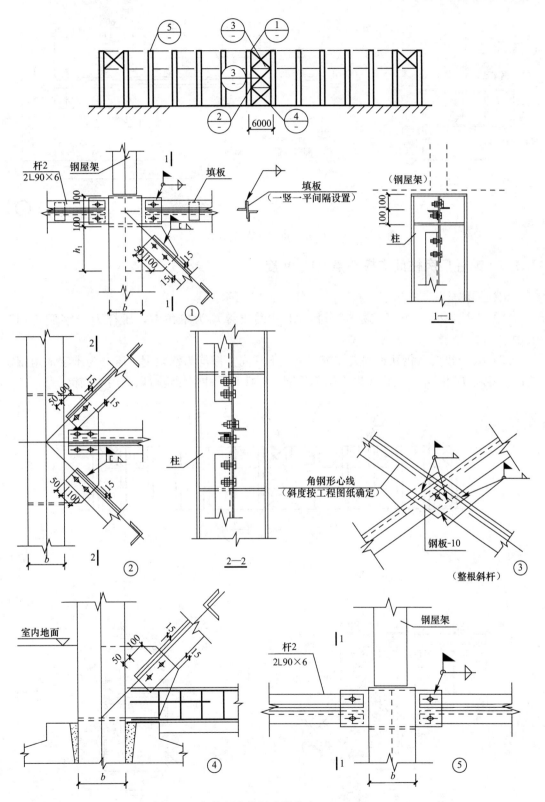

图 3-17　钢柱厂房柱间支撑节点（6、7度）（一）

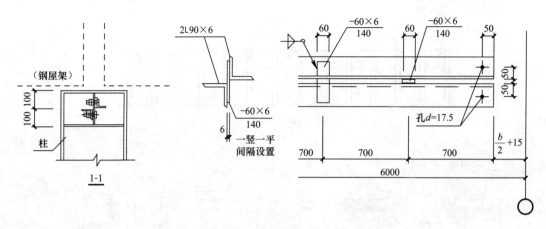

图 3-17　钢柱厂房柱间支撑节点（6、7 度）（二）

3.3.5　钢柱厂房柱间支撑节点（8、9 度）

钢柱厂房柱间支撑节点（8、9 度）如图 3-18 所示。

（1）钢柱柱间支撑节点系按"上、下柱间支撑均为单角钢，压杆为十字形角钢"绘制。

（2）8、9 度时，钢柱柱间支撑按"上、下柱间支撑均为双角钢，压杆为十字形角钢"绘制，实际使用时，上柱也可以采用单角钢，压杆和下柱支撑也可以采用双槽钢。

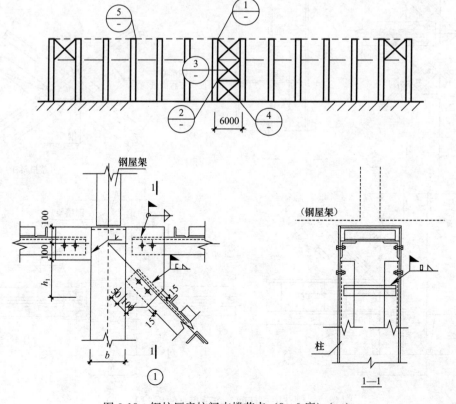

图 3-18　钢柱厂房柱间支撑节点（8、9 度）（一）

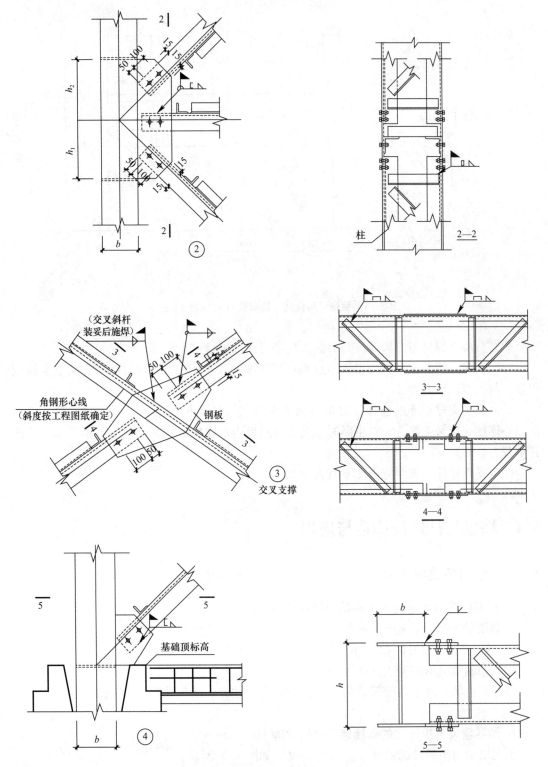

图 3-18　钢柱厂房柱间支撑节点（8、9 度）（二）

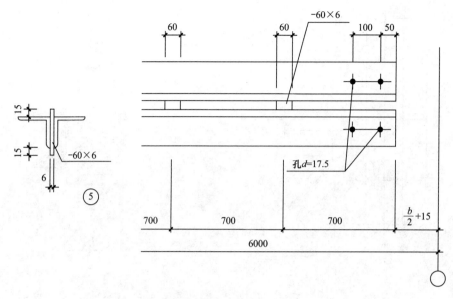

图 3-18　钢柱厂房柱间支撑节点（8、9 度）（三）

（3）柱间支撑处节点板厚度计算时，应考虑平面外稳定。

（4）交叉支撑在交叉点应设置节点板，其厚度不应小于 10mm，斜杆与交叉节点板应焊接，与端节点板宜焊接。

（5）交叉支撑端部的连接，对单角钢支撑应记入强度的折减，8、9 度时不得采用单面偏心连接；交叉支撑有一杆中断时，交叉节点板应予以加强，其承载力不小于 1.1 倍杆件承载力。

（6）支撑杆件的截面应力比不宜大于 0.75。

3.4　墙梁与柱连接构造与应用

3.4.1　预制墙梁的连接

1. 预制墙梁与钢筋混凝土柱的焊缝连接（6～8 度）

预制墙梁与钢筋混凝土柱的焊缝连接（6～8 度）如图 3-19 所示。

（1）Δ 为防震缝的插入距，按具体工程设计图纸确定。

（2）预制墙梁的混凝土强度等级为 C20。

（3）当柱的混凝土强度等级为 C20、C25 或 C30 时，M-1 的 Φ12 锚筋的长度 l_{aE} 分别为 480、420 或 380mm。

2. 预制墙梁与矩形柱的螺栓连接（6、7 度）

预制墙梁与矩形柱的螺栓连接（6、7 度）如图 3-20 所示。

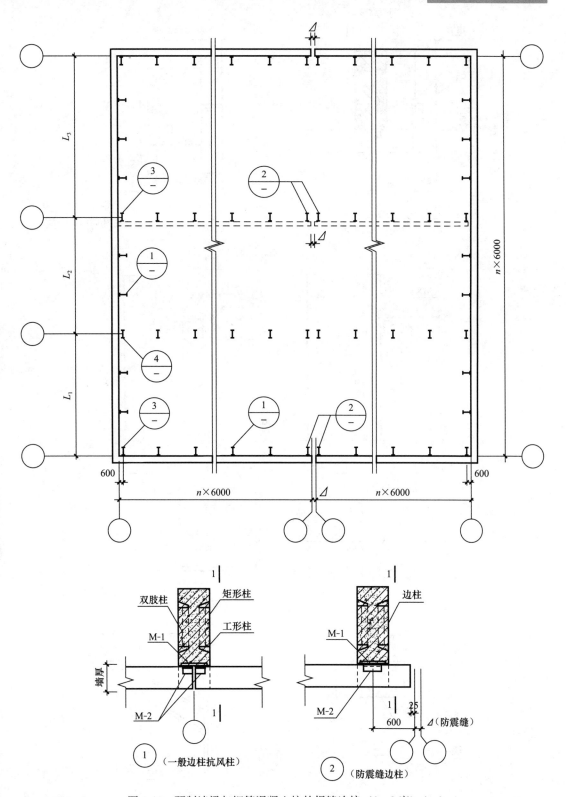

图 3-19 预制墙梁与钢筋混凝土柱的焊缝连接（6～8 度）（一）

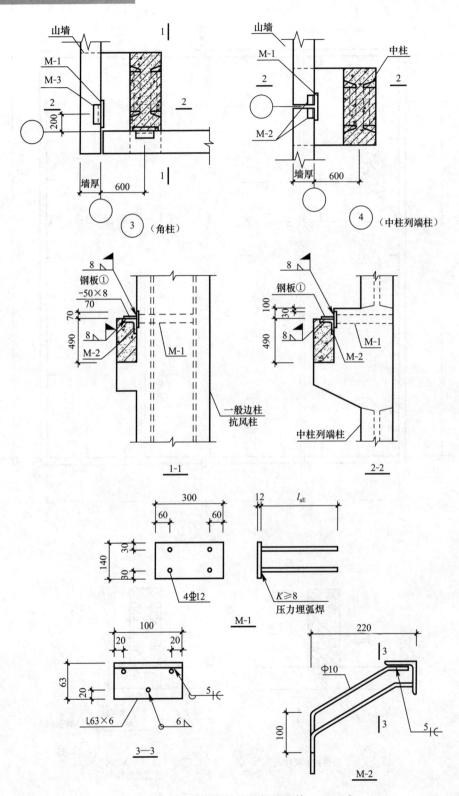

图 3-19 预制墙梁与钢筋混凝土柱的焊缝连接（6～8度）（二）

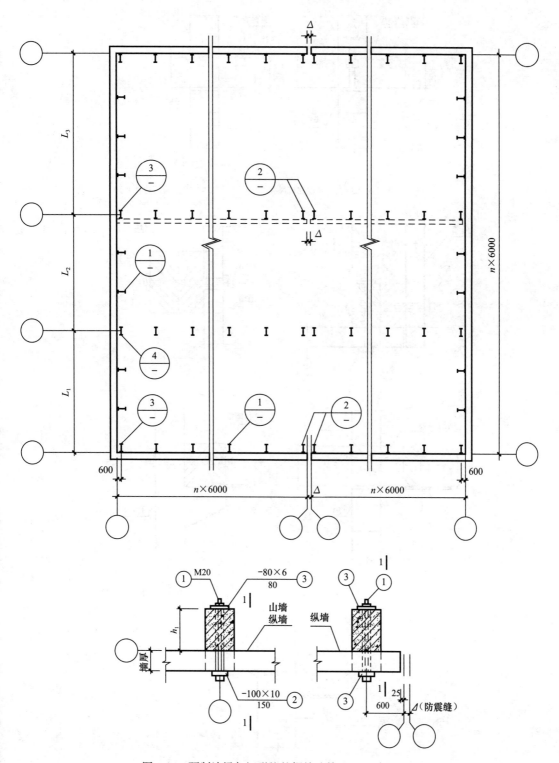

图 3-20 预制墙梁与矩形柱的螺栓连接（6、7度）（一）

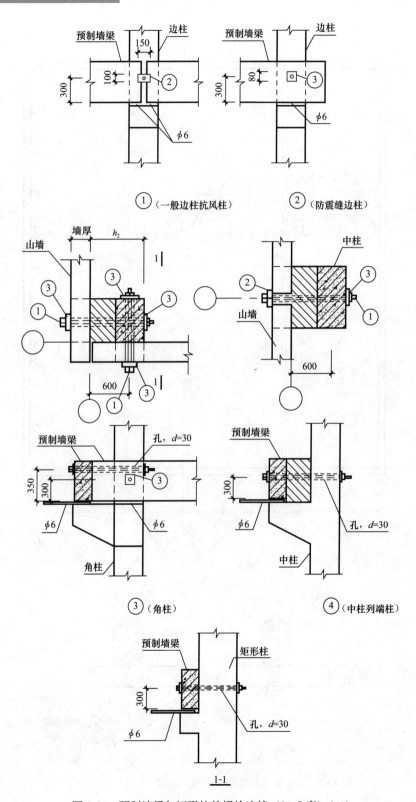

图 3-20 预制墙梁与矩形柱的螺栓连接（6、7度）（二）

（1）Δ为防震缝的插入距，按具体工程设计图纸确定。

（2）零件①为永久螺栓，采用 M20，长度 $l = h_1$（或 h_2）＋墙厚＋80mm；钢板②、③中心孔洞的直径为 21.5mm。

（3）安装预制梁时，下垫短钢筋 $\phi6$，待下面砖墙砌至梁底，并用砂浆塞实后，抽出 $\phi6$ 短钢筋，再拧紧螺栓。

（4）铁件外露部分应涂防锈漆。

3. 预制墙梁与矩形柱的螺栓连接（8 度）

预制墙梁与矩形柱的螺栓连接（8 度）如图 3-21 所示。

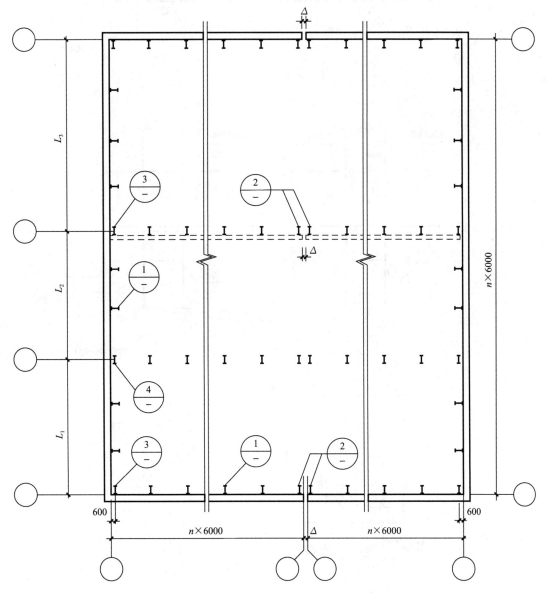

图 3-21　预制墙梁与矩形柱的螺栓连接（8 度）（一）

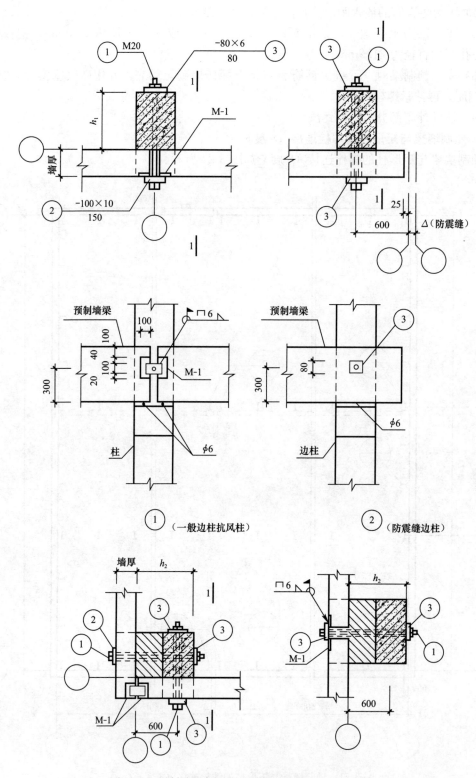

图 3-21　预制墙梁与矩形柱的螺栓连接（8度）（二）

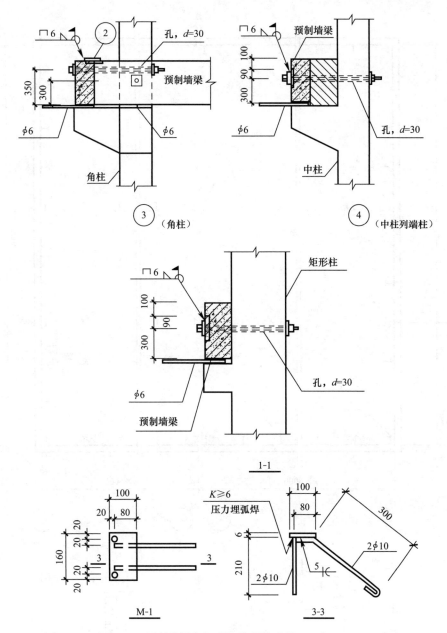

图 3-21 预制墙梁与矩形柱的螺栓连接（8度）（三）

（1）Δ 为防震缝的插入距，按具体工程设计图纸确定。

（2）零件①为永久螺栓，采用 M20，长度 $l = h_1$（或 h_2）＋墙厚＋80mm；钢板②、③中心孔洞的直径为 21.5mm。

（3）安装预制梁时，下垫短钢筋 $\phi 6$，待下面砖墙砌至梁底，并用砂浆塞实后，抽出 $\phi 6$ 短钢筋，再拧紧螺栓。

（4）铁件外露部分应涂防锈漆。

4. 预制墙梁与Ⅰ形、双肢边柱的螺栓连接（6、7度）

预制墙梁与Ⅰ形、双肢边柱的螺栓连接（6、7度）如图 3-22 所示。

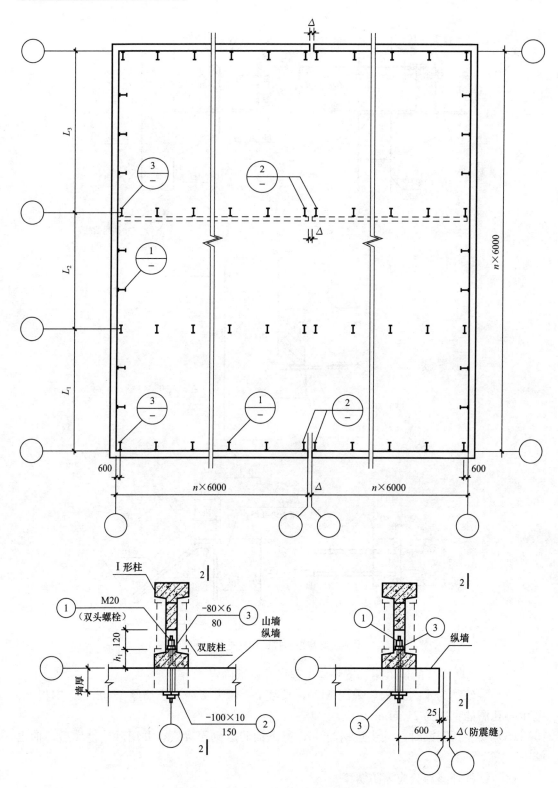

图 3-22　预制墙梁与Ⅰ形、双肢边柱的螺栓连接（6、7度）（一）

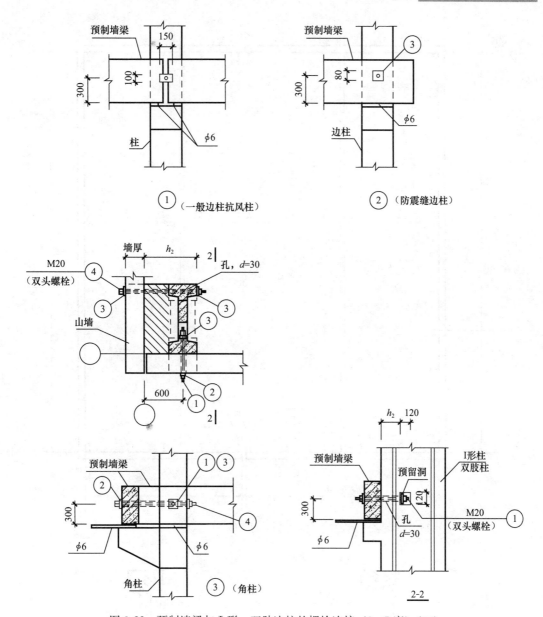

图 3-22 预制墙梁与Ⅰ形、双肢边柱的螺栓连接（6、7度）（二）

（1）Δ 为防震缝的插入距，按具体工程设计图纸确定。

（2）零件①、④为永久螺栓，采用 M20，长度 $l＝h_1$（或 h_2）＋墙厚＋80mm；钢板②、③中心孔洞的直径为 21.5mm。

（3）安装预制梁时，下垫短钢筋 $\phi 6$，待下面砖墙砌至梁底，并用砂浆塞实后，抽出 $\phi 6$ 短钢筋，再拧紧螺栓。

（4）铁件外露部分应涂防锈漆。

5. 预制墙梁与Ⅰ形、双肢边柱的螺栓连接（8度）

预制墙梁与Ⅰ形、双肢边柱的螺栓连接（8度）如图 3-23 所示。

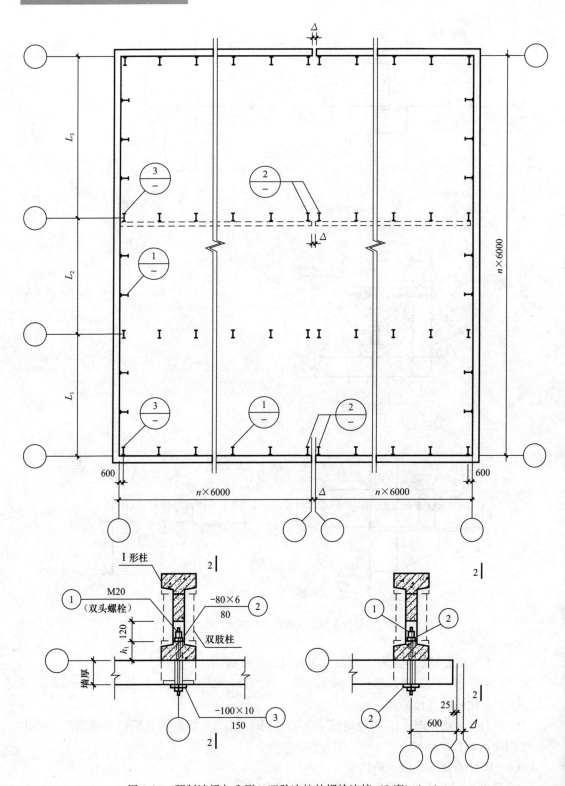

图 3-23 预制墙梁与I形、双肢边柱的螺栓连接（8度）（一）

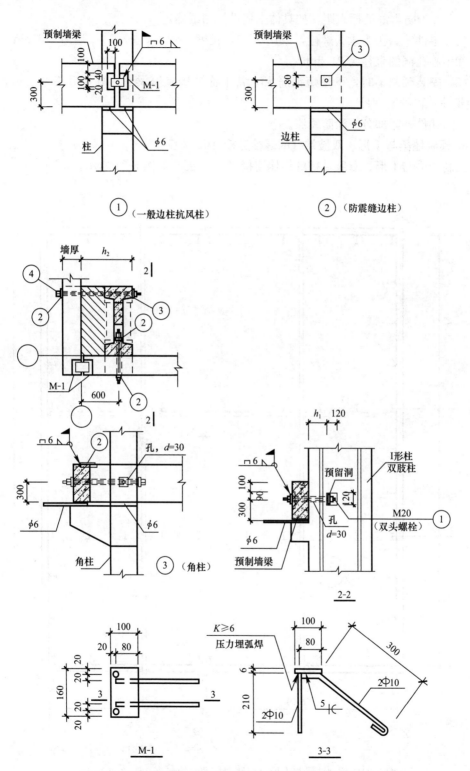

图 3-23 预制墙梁与Ⅰ形、双肢边柱的螺栓连接（8度）（二）

（1）△为防震缝的插入距，按具体工程设计图纸确定。

（2）零件①、④为永久螺栓，采用 M20，长度 $l=h_1$（或 h_2）＋墙厚＋80mm；钢板②、③中心孔洞的直径为 21.5mm。

（3）安装预制梁时，下垫短钢筋 $\phi6$，待下面砖墙砌至梁底，并用砂浆塞实后，抽出 $\phi6$ 短钢筋，再拧紧螺栓。

（4）铁件外露部分应涂防锈漆。

6. 预制墙梁与Ⅰ形、双肢端柱的螺栓连接（6、7度）

预制墙梁与Ⅰ形、双肢端柱的螺栓连接（6、7度）如图 3-24 所示。

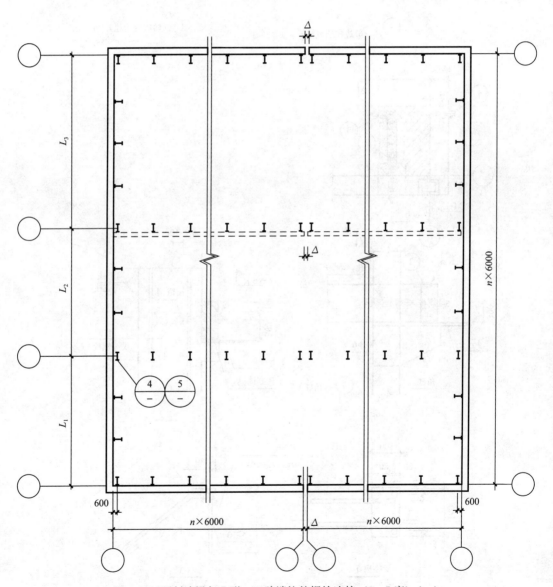

图 3-24　预制墙梁与Ⅰ形、双肢端柱的螺栓连接（6、7度）（一）

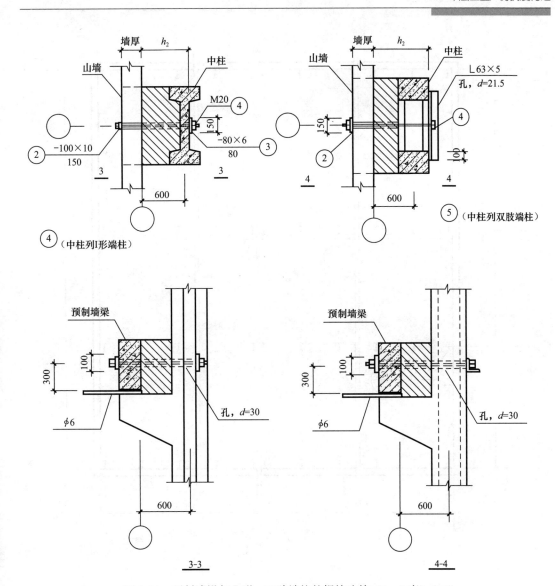

图 3-24 预制墙梁与Ⅰ形、双肢端柱的螺栓连接（6、7 度）（二）

（1）Δ 为防震缝的插入距，按具体工程设计图纸确定。

（2）零件①、④为永久螺栓，采用 M20，长度 $l = h_1$（或 h_2）＋墙厚＋80mm；钢板②、③中心孔洞的直径为 21.5mm。

（3）安装预制梁时，下垫短钢筋 $\phi 6$，待下面砖墙砌至梁底，并用砂浆塞实后，抽出 $\phi 6$ 短钢筋，再拧紧螺栓。

（4）铁件外露部分应涂防锈漆。

7. 预制墙梁与Ⅰ形、双肢端柱的螺栓连接（8 度）

预制墙梁与Ⅰ形、双肢端柱的螺栓连接（8 度）如图 3-25 所示。

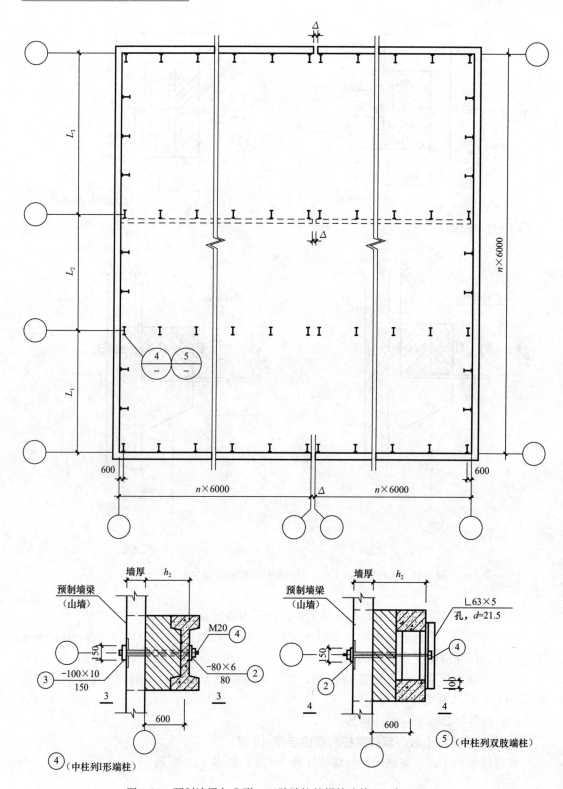

图 3-25 预制墙梁与Ⅰ形、双肢端柱的螺栓连接（8度）（一）

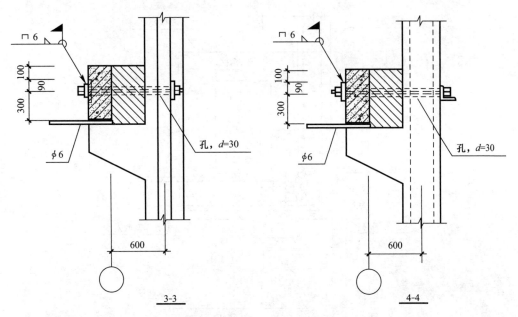

图 3-25 预制墙梁与 I 形、双肢端柱的螺栓连接（8 度）（二）

（1）Δ 为防震缝的插入距，按具体工程设计图纸确定。

（2）零件①、④为永久螺栓，采用 M20，长度 $l=h_1$（或 h_2）＋墙厚＋80mm；钢板②、③中心孔洞的直径为 21.5mm。

（3）安装预制梁时，下垫短钢筋 $\phi 6$，待下面砖墙砌至梁底，并用砂浆塞实后，抽出 $\phi 6$ 短钢筋，再拧紧螺栓。

（4）铁件外露部分应涂防锈漆。

3.4.2 预制基础梁的连接（8、9 度）

预制基础梁的连接（8、9 度）如图 3-26 所示。

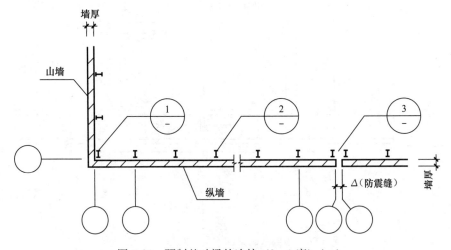

图 3-26 预制基础梁的连接（8、9 度）（一）

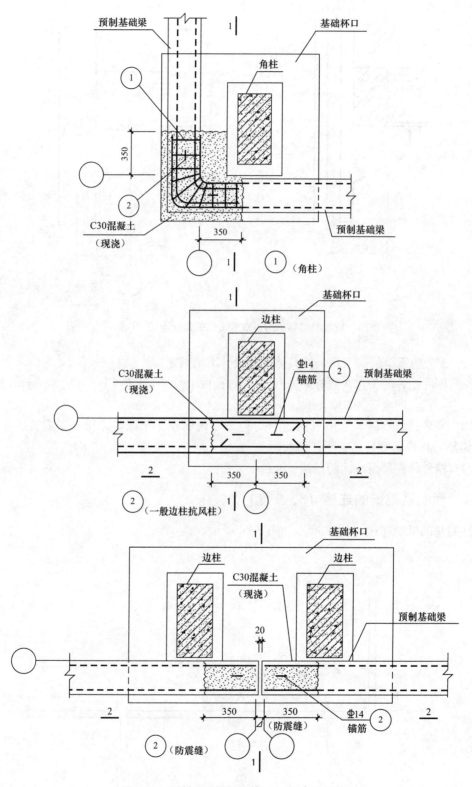

图 3-26 预制基础梁的连接（8、9 度）（二）

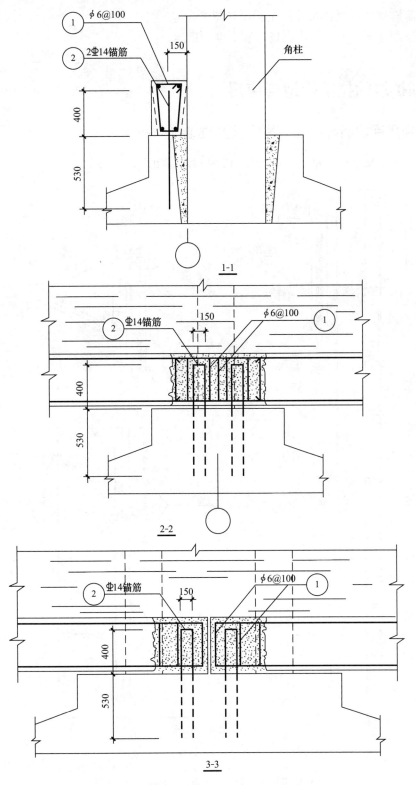

图 3-26　预制基础梁的连接（8、9度）（三）

（1）防震缝Δ的具体尺寸按工程设计图纸确定。

（2）该图用于 8 度Ⅲ、Ⅳ类场地和 9 度的厂房。

3.5 围护墙的拉结构造与应用

3.5.1 轻质围护墙与钢柱、格构柱的拉结（6～9 度）

轻质围护墙与钢柱、格构柱的拉结（6～9 度）如图 3-27 所示。

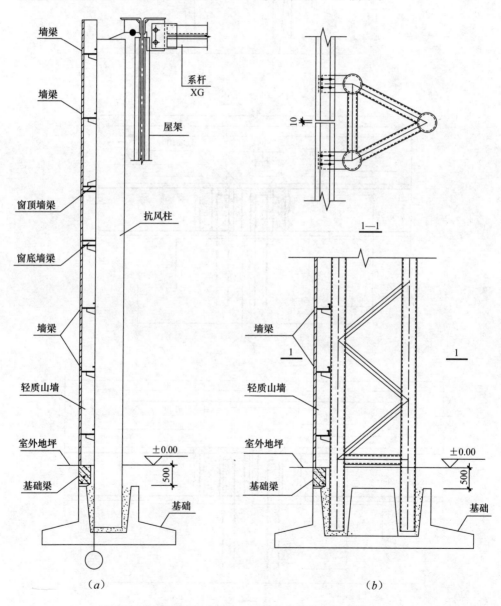

图 3-27 轻质围护墙与钢柱、格构柱的拉结（6～9 度）（一）

（a）轻质围护墙与钢柱的拉结；（b）轻质围护墙与格构柱的拉结

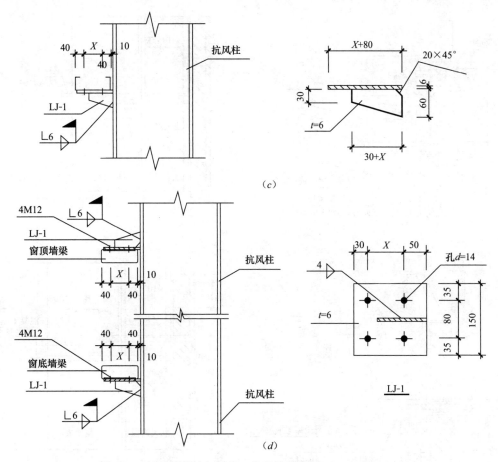

图 3-27　轻质围护墙与钢柱、格构柱的拉结（6～9 度）（二）

（c）抗风柱与墙梁的连接；（d）抗风柱与窗梁连接

（1）本连接示意图仅表示山墙梁条与抗风柱连接关系。

（2）墙梁及圈梁、基础和基础梁由单体设计确定。

（3）所有连接件均采用 Q235-B，焊条采用 E43 型，未注明处均为满焊。

（4）墙梁应根据实际工程情况进行构件和连接节点的调整。

3.5.2　女儿墙与混凝土屋架、屋面梁的拉结（6～8 度）

女儿墙与混凝土屋架、屋面梁的拉结（6～8 度）如图 3-28 所示。

（1）现浇圈梁和压顶的混凝土强度等级不低于 C25。

（2）砌筑砂浆的强度等级不应低于 M5。

3.5.3　女儿墙与钢屋架的拉结（6～8 度）

女儿墙与钢屋架的拉结（6～8 度）如图 3-29 所示。

（1）现浇圈梁和压顶的混凝土强度等级不低于 C25。

（2）砌筑砂浆的强度等级不应低于 M5。

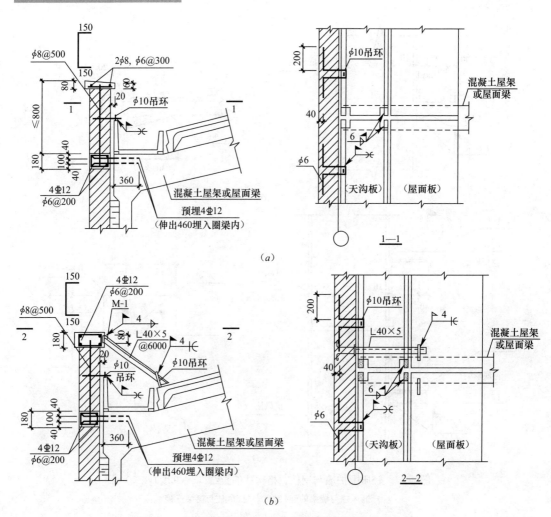

图 3-28 女儿墙与混凝土屋架、屋面梁的拉结（6～8 度）

（a）女儿墙；（b）高跨悬墙及厂房大门上方

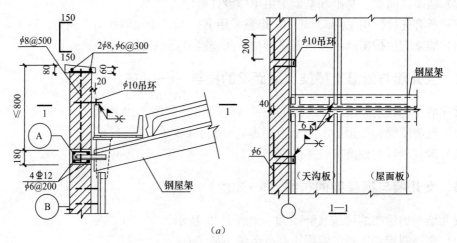

图 3-29 女儿墙与钢屋架的拉结（6～8 度）（一）

（a）女儿墙

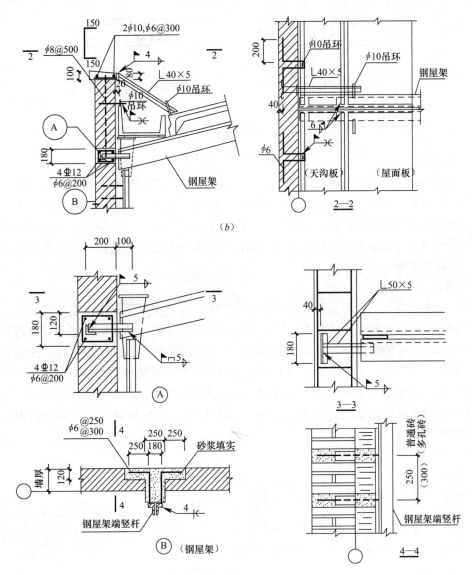

图 3-29　女儿墙与钢屋架的拉结（6～8 度）（二）

（b）高跨悬墙及厂房大门上方

3.6　单层工业厂房抗震构造实例

3.6.1　某钢铁公司第一氧气站构造实例

　　某钢铁公司第一氧气站为两跨等高厂房，地震后调查发现，由边柱列数起第二排预应力混凝土屋面板，主肋端部普遍发生"八字"形裂缝（图 3-30a）。震害调查还发现，不少厂房屋架端部第一块屋面板的外侧主肋，比较普遍地发生端部混凝土破碎（图 3-30b）。而且越靠近柱间支撑处，破坏越严重。此外，预应力大型屋面板比非预应力大型屋面板的破坏严重。

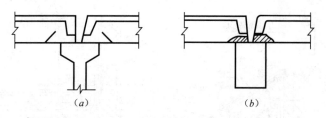

图 3-30　屋面板主肋的震害

1. 原因分析

引起这种破坏的主要原因有两方面。一方面是，各个跨度屋盖的纵向水平地震力，由跨中向两端积累，并通过两端第一列屋面板向柱间支撑传递、集中，使屋面板的主肋及其端部预埋件受到较大剪力。另一方面是，长线台座生产的预应力屋面板，受预应力钢筋自锚条件的限制，主肋端部的抗拉强度低，端部预埋板与主筋没有连接，预埋板的锚筋构造不当，抗拔强度低。

2. 措施

要消除此类震害，也要从两方面入手。一方面，合理布置屋面支撑系统和柱间支撑系统，以分散屋面板所传递的地震力。另一方面，加强屋面板自身的抗震能力，改善预应力主筋和端部预埋板的锚固条件。对有吊钩屋面板，可将吊钩与预埋钢板焊接，并加长水平锚筋，如图 3-31 所示。设防烈度为 8 度和 9 度时，可将屋面板端部埋件的平钢板换为带槽口 L 形钢板，其他锚筋不变。待屋面板的混凝土达到强度、预应力钢筋切断后，将 L 形钢板与预应力钢筋焊接，如图 3-32 所示，既可提高预埋板的抗拔强度，又可增强预应力钢筋的锚固效果。

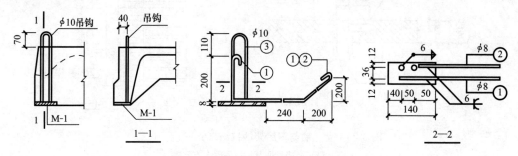

图 3-31　7 度区屋面板的端部锚件

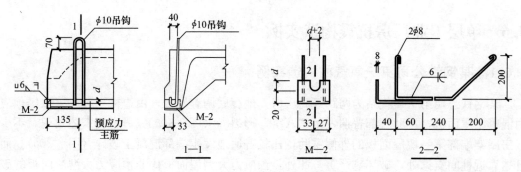

图 3-32　预应力屋面板的端部锚件

3.6.2 某冶金机械修造厂

位于 6 度区内的某冶金机械修造厂，高大的装配车间采用预制墙梁分层承托砌体围护墙，震后，厂房上半部分的两层砌体墙均向外倒塌。

要保证后砌砌体墙的安全，设防烈度为 6 度起，就应采取措施使各层墙梁底面与其下的砌体墙顶面接触紧密，或采取拉结措施。以下几种方法供参考：

（1）在安装各层预制墙梁之前，在柱的各个牛腿面放置厚约 10mm 的楔形钢片，待砌体墙砌至墙梁底面并塞实砂浆后（墙梁与牛腿面之间不得填砂浆），抽出楔形钢片，墙梁下落，压紧砌体墙，然后再充分拧紧连接螺栓，如图 3-33 所示。设防烈度为 8 度时，还应将螺栓垫板与墙梁端头正面的预埋钢板焊牢。

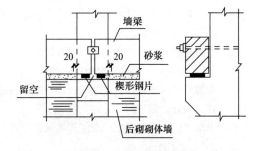

图 3-33 墙梁压紧砌体墙

（2）沿预制墙梁长度方向，每隔 1.5m 预留直径为 80mm 的竖向孔洞，待其下的砌体墙砌至距离墙梁底面 300mm 时，由下向孔洞内插入宽 40mm 厚 6mm 的 L 形钢板，并将此钢板砌入砌体墙的竖缝中，最后由墙梁顶面用砂浆填实孔洞，如图 3-34 所示。

（3）沿墙梁长度方向，每隔 1.5m 在墙梁底面预埋一块宽 60mm、厚 6mm、长同墙梁底宽的钢板，待砌体墙砌至梁底时，由砌体墙两侧面插入长 50mm 的小角钢，并与梁底钢板焊接，如图 3-35 所示。

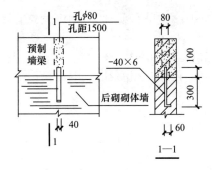

图 3-34 砌体墙与墙梁的钢板连接

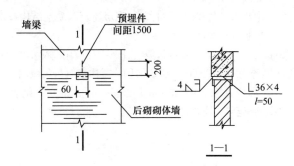

图 3-35 砌体墙与墙梁的焊接

参 考 文 献

［1］ 中国建筑标准设计研究院. 建筑物抗震构造详图（多层和高层钢筋混凝土房屋）11 G329—1 ［S］.
北京：中国计划出版社，2011.

［2］ 中国建筑标准设计研究院. 建筑物抗震构造详图（多层砌体房屋和底部框架砌体房屋）11 G329—2
［S］. 北京：中国计划出版社，2011.

［3］ 中国建筑标准设计研究院. 建筑物抗震构造详图（单层工业厂房）11 G329—3 ［S］. 北京：中国计
划出版社，2011.

［4］ 中华人民共和国国家标准. 砌体结构设计规范 GB 50003—2011 ［S］. 北京：中国建筑工业出版社，
2011.

［5］ 中华人民共和国国家标准. 混凝土结构设计规范 GB 50010—2010 ［S］. 北京：中国建筑工业出版
社，2010.

［6］ 中华人民共和国国家标准. 建筑抗震设计规范 GB 50011—2010 ［S］. 北京：中国建筑工业出版社，
2010.

［7］ 中华人民共和国国家标准. 构筑物抗震设计规范 GB 50191—2012 ［S］. 北京：中国计划出版社，
2012.

［8］ 中华人民共和国国家标准. 建筑工程抗震设防分类标准 GB 50223—2008 ［S］. 北京：中国建筑工
业出版社，2008.

［9］ 中华人民共和国行业标准. 高层建筑混凝土结构技术规程 JGJ 3—2010 ［S］. 北京：中国建筑工业
出版社，2011.

［10］ 王昌兴. 建筑结构抗震设计及工程应用 ［M］. 北京：中国建筑工业出版社，2008.

［11］ 李守巨. 11 G329 建筑结构抗震构造解析与应用 ［M］. 北京：化学工业出版社，2014.

［12］ 周德源等. 建筑结构抗震技术 ［M］. 北京：化学工业出版社，2006.

［13］ 张延年. 建筑抗震设计 ［M］. 北京：机械工业出版社，2011.